U0253405

黄土高原淤地坝减沙作用研究

刘晓燕 高云飞 著

黄河水利出版社
·郑州·

内 容 提 要

20世纪50年代以来，淤地坝一直是黄土高原水土流失治理的重要工程措施。2000年以来，在黄河来沙量锐减的背景下，淤地坝的减沙作用备受关注。

本书广泛采集了黄河潼关以上黄土高原各市、县在不同时期完成的淤地坝普查数据，基本摸清了该区淤地坝的数量、位置、建成时间、库容和现状淤积程度。在此基础上，采用多种方法配合，基本阐明了黄土高原各支流淤地坝在1950年以来不同时段的拦沙量。本书还分析了现状淤地坝的减水和减蚀作用、淤地坝拦沙与黄河减沙的关系、淤地坝的水毁风险，推算了现状淤地坝在未来不同时期的拦沙作用发展趋势。

本书可供从事相关领域研究、规划、管理和治理的专业技术人员和师生阅读和参考。

图书在版编目（CIP）数据

黄土高原淤地坝减沙作用研究/刘晓燕，高云飞著.—郑州：黄河水利出版社，2020.12
ISBN 978-7-5509-2874-9

Ⅰ.①黄…　Ⅱ.①刘…②高…　Ⅲ.①黄土高原–坝地–水土保持–研究　Ⅳ.①S157.3

中国版本图书馆 CIP 数据核字（2020）第 242784 号

策划编辑：岳晓娟　　电话：0371-66020903　　E-mail：2250150882@qq.com

出　版　社：黄河水利出版社
　　　　　　地址：河南省郑州市顺河路黄委会综合楼14层　　邮政编码：450003
发行单位：黄河水利出版社
　　　　　　发行部电话：0371-66026940、66020550、66028024、66022620（传真）
　　　　　　E-mail：hhslcbs@126.com
承印单位：河南瑞之光印刷股份有限公司
开本：787 mm×1 092 mm　　1/16
印张：8.75
字数：180 千字　　　　　　　　　　印数：1—1 000
版次：2020 年 12 月第 1 版　　　　　印次：2020 年 12 月第 1 次印刷
定价：75.00 元

前　言

　　黄河是世界上最著名的多沙河流,其中97%的泥沙来自黄土高原。2000~2019年,黄河潼关水文站实测数量2.45亿t/a,较1919~1959年沙量减少85%。在此背景下,黄河沙量变化原因及趋势成为近年最受关注的重大科学问题。

　　2011年以来,在国家"十二五"科技支撑计划、国家"十三五"重点研发计划和黄河水利委员会多个专项研究经费的支持下,我们广泛采集了黄土高原不同时期的淤地坝数据,并对统计数据进行了认真梳理和甄别,进而分析了黄土高原淤地坝的数量、时空分布、淤积程度和不同时期减沙作用等,所得到的研究结论,可为认识过去几十年黄河来沙减少的原因提供重要参考,为客观认识不同区域淤地坝未来不同水平年的拦沙作用、预测水沙情势提供依据,并对淤地坝规划、建设和管理具有重要参考价值。

　　近十年来,前后约20人参加了本项研究,包括黄河上中游管理局高云飞、王富贵、郭玉涛、马三保、马歆菲、张麟、陈桂荣、李骁、屈创、王丽云等,黄河水利科学研究院刘晓燕、李小平、侯素珍、王方圆、李奕宏和董国涛等,华北水利水电大学张丽和郭菲等。

　　十年来,本研究得到了黄河水利委员会水土保持局、黄河上中游管理局、黄河水利科学研究院、陕西省水保局、宁夏回族自治区水保局、鄂尔多斯市水保局、榆林市水务局及相关县(区)水利水保部门、延安市水务局及相关县(区)水利水保部门等的大力支持。黄河水利委员会原副主任黄自强、总工程师李文学和副总工程师何兴照等始终关注本项研究,并多次给予指导和咨询。对以上单位和专家的支持和帮助,我们深表感谢。

作　者

2020年10月

目　录

1 绪 论

1.1 研究背景

黄河流域面积 79.5 万 km²(含内流区),长度 5 464 km,在山东省垦利县注入渤海。因穿越世界上面积最大、水土流失最严重的黄土高原,致使大量泥沙入黄,使黄河成为举世闻名的多沙河流。1919~1959 年,陕县实测输沙量 16 亿 t/a、汛期 7~9 月平均含沙量 60 kg/m³、最大含沙量 716 kg/m³(1953 年),该沙量居世界大江大河之首。巨量的泥沙不仅是下游河床淤积抬高、防洪形势严峻的症结,也为黄河水资源开发利用带来很大困难。

不过,20 世纪 80 年代以来,黄河来沙持续减少,见图 1-1(注:1919~1959 年为陕县数据;因三门峡水库建成投运,陕县站 1960 年撤销,之后被位于其上游约 100 km 的潼关水文站取代,故 1960~2019 年为潼关数据)。统计表明,1980~2019 年潼关年均来沙 5.15 亿 t,其中 2000~2019 年均来沙量 2.45 亿 t、7~9 月平均含沙量 21 kg/m³、最大含沙量 431 kg/m³(2003 年)。

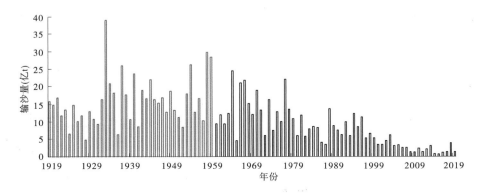

图 1-1 1919~2019 年黄河沙量变化

20 世纪 80 年代以来,黄河来沙减少,尤其是近 20 年的锐减现象,引起国内外广泛关注。人们关切的核心是,导致黄河来沙大幅减少的原因是什么?未来变化趋势如何?作为黄土高原水土保持的重要措施,淤地坝、林草植被和梯田等下垫面要素变化对黄河来沙减少的贡献有多大?

本书重点关注淤地坝在过去 70 年不同时期的拦沙和减蚀作用,旨在为揭示黄河沙量减少原因和未来发展趋势提供支撑。

1.2 研究区范围

黄河泥沙主要来自黄土高原,这里是我国乃至世界上水土流失最严重的地区。不过,由于看问题的角度不同,有关黄土高原的范围和面积,曾经出现过几种不同的描述。本书旨在分析淤地坝对黄河的减沙作用、认识泥沙输移环境的变化,为探究黄河近几十年来沙减少的原因和未来情势提供支撑,因此本书所称黄土高原,是指黄河循化至潼关区间有明显水土流失,且对潼关断面沙量有显著影响的地区,包括黄河循化—青铜峡区间的黄土丘陵区(年均降雨量≥200 mm),内蒙古十大孔兑流域上中游,黄河河口镇—龙门区间,以及汾河河津、渭河咸阳、泾河张家山和北洛河㳇头以上地区,该区不仅包括长城以南的黄土高原,也涉及黄河内蒙古段与长城区间的黄河流域,总面积约 39 万 km²,见图 1-2,简称潼关以上黄土高原。据 1950~1969 年实测输沙量、坝库拦沙和灌溉引沙数据,该区年均入黄沙量约 18.5 亿 t。

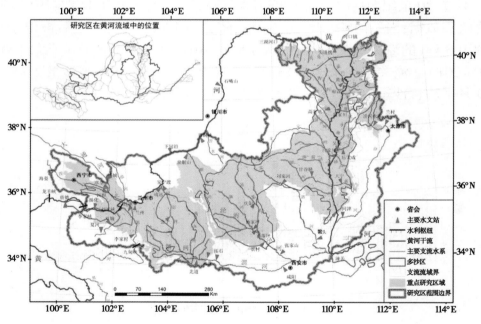

图 1-2　研究区范围

不过,在图 1-2 范围内,不仅有水土流失严重的黄土丘陵沟壑区和黄土高塬沟壑区,还有水土流失轻微的土石山区、关中平原、汾河平原区、黄土丘陵林区(子午岭林区和黄龙山林区)、干旱草原区和风沙区。因此,我们将"黄河循化—兰州区间黄土丘陵区(不含庄浪河)、祖厉河流域、清水河流域、十大孔兑上中游、河口镇—龙门区间(简称河龙间,不含土石山区和风沙区)、汾河兰村以上

(不含土石山区,简称汾河上游)、北洛河刘家河以上(简称北洛河上游)、泾河景村以上(不含土石山区,简称泾河上中游)、渭河拓石以上(不含土石山区,简称渭河上游)"作为重点研究范围,面积 21.5 万 km²,即图 1-2 中的黄色区域。据 1950~1969 年实测数据推算,该范围流域产沙量为 17.4 亿 t/a,占潼关以上黄土高原产沙量的 95%。正是因为水土流失更严重,该区也成为黄土高原淤地坝最密集的地区。

1.3 基础数据

20 世纪 90 年代以来,有关方面曾对黄土高原地区淤地坝进行过多次较大规模的普查。本次研究期间,在黄河上中游管理局、相关省(自治区)市水土保持主管部门和黄河水利委员会水土保持局的大力支持下,我们收集和整理了以下淤地坝数据:

(1)陕西省水保部门组织完成的淤地坝普查数据,简称"1989 数据"。从 1989 年开始,陕西省水保部门对榆林和延安两市 25 个县(区)的淤地坝进行了全面摸底调查,获取了十分宝贵的普查数据,提出了《陕北地区淤地坝普查技术总结报告》(陕西省水土保持局和陕西省水土保持勘测规划研究所,1993 年)等系列技术报告。这次普查历时 3 年,先后有 1 299 名专业技术人员参加,普查采取先试点、再颁布普查技术细则的方式,普查对象包括所有淤地坝和中小型水库,所采集数据的科学性和可靠性一直深受业内人士好评。

该套数据的截止时间大体为 1989 年,少量截止时间为 1990 年,覆盖了陕西北部榆林和延安两市 25 个县(区)库容 0.5 万 m³ 以上的全部淤地坝,记载了每座淤地坝的行政归属和流域归属、建成时间、总库容、已淤库容、控制面积、坝高、泥面长度和距顶高度、工程件数、剩余拦泥库容、剩余滞洪库容、剩余淤积年限、可淤地面积和已淤地面积等信息,数据丰富、翔实。我们采集了本次普查的技术报告,并将榆林市 12 个县(区)和延安市的安塞、子长、延川、志丹等 4 县(区)每座淤地坝的普查记录表(纸质文件)录入计算机。

(2)黄河水利委员会黄河上中游管理局组织实施的水保措施调查成果,简称"1999 数据"。该项工作的淤地坝统计以 1999 年为基准年,组织流域内 8 个省(自治区)(不含四川省)专业人员共同完成。该数据包括流域内各县(区、旗)的骨干工程的数量、控制面积、总库容和已淤库容,以及淤地坝的数量、已淤面积和已拦泥等信息,成果见"黄河流域水土保持基本资料"。

(3)水利部组织实施的淤地坝安全大检查成果,简称"2008 数据"。为保障淤地坝防洪安全,2009 年水利部组织黄河流域各省(自治区)对淤地坝进行了普查,该套数据记载了每个县(区、旗)大中型淤地坝的地理位置(经纬度)、行政归属、建成时间、控制面积、坝高、总库容、设计淤积库容、已淤积库容、剩余库容和蓄水运用情况等信息,以及小型淤地坝的数量及其流域归属,基准年为 2008 年。

(4)第一次全国水利普查数据,简称"2011 数据"。该项工作由国务院水利普查办公室领导,动员大量人力完成。在淤地坝方面采集的信息包括每座骨干坝的地理位置(经纬度)、行政归属、建成时间、控制面积、坝高、总库容、已淤积库容等,基准年为 2011 年。

(5)宁夏回族自治区、内蒙古鄂尔多斯市、陕西省延安市等组织完成的淤地坝普查数据,简称"2016 数据"。为深入掌握辖区内的淤地坝信息,在 2016 年汛后或 2017 年汛前,以上 3 个行政体均组织对辖区内的淤地坝进行了普查,采集了每座淤地坝的地理位置(经纬度)、行政归属、建成时间、控制面积、坝高、总库容、已淤积库容、坝地面积等数据,基准年为 2016 年。

以上调查均投入了大量人力和物力,工作严谨认真,具有较强的可信度。

此外,还收集了 1990 年以来黄土高原各县淤地坝建设的统计数据。

1.4 名词解释

(1)淤地坝。是指在水土流失区小流域沟道中修建的以滞洪拦沙和淤地造田为目的的坝工建筑物(黄河上中游管理局,2004),几十年来一直是减少入黄泥沙的重要水土保持工程措施。按库容大小,淤地坝分为大、中、小三种类型,本书分别简称为骨干坝、中型坝、小型坝。

(2)大中型淤地坝。为与 2003 年以来的表述口径一致,若无特别说明,本书所称中型坝是指库容 10 万~49.99 万 m³ 的淤地坝,简称中型坝;所称骨干坝或大型坝,是库容大于或等于 50 万 m³ 的淤地坝。

不过,在水利部出台《水土保持治沟骨干工程技术规范》(SL 289—2003)之前,陕北把库容 10 万~100 万 m³ 者均称为中型坝,把库容大于 100 万 m³ 者称为大型坝。与此相关之处,本书将会特别说明。

(3)小型淤地坝。指库容 1 万~9.99 万 m³ 的淤地坝,简称小型坝。

该定义与 1989 年陕北淤地坝普查时的口径有所区别,后者将库容 0.5 万~1 万 m³ 的淤地坝也计为小型坝。与此相关之处,本书将会特别说明。

(4)微型淤地坝。指库容小于 1 万 m³ 的淤地坝,简称微型坝。

(5)老淤地坝。特指 1989 年及其以前建成的淤地坝,简称老坝。在淤地坝集聚的陕北地区和晋西南地区(小型坝),绝大部分淤地坝建成于 1979 年及其以前,且多为群众自发修建、缺少统一规划和科学设计、无规范的设计文档。1986 年以后,国家把水土保持治沟骨干工程(俗称骨干坝)列入专项投资,淤地坝建设进入规范性发展阶段。不过,由于本次研究采集到的最早数据源来自 1989 年的陕北淤地坝普查,且 1986~1989 年建成的淤地坝数量仅占 1989 年以前建成总数的 2%,故把 1989 年以前建成的淤地坝统称为老坝。

（6）坝地面积。全国水利普查定义"坝地面积"为在沟道拦蓄工程上游因泥沙淤积形成的地面较平整的可耕作土地,而"已淤地面积"专指淤地坝拦蓄泥沙淤积形成的地面较平整的可耕作土地,前者大于后者。不过,本研究旨在关注淤地坝库内淤积物对侵蚀产沙的减少作用,并考虑到与之前研究者的口径一致,故所称"坝地面积"是指因淤地坝拦泥而在库区形成的土地面积,包括可耕种土地和暂不可耕种的土地。

（7）已淤库容。指淤地坝库区内的淤积体体积。

（8）淤积比。指"已淤库容"占淤地坝"总库容"（而非"设计拦沙库容"）的比例（%）。这样的定义主要考虑了黄土高原老坝众多的因素:如前文所说,老坝多为群众自发修建,绝大部分淤地坝建设时并无严谨的"设计淤积库容"的概念,无溢洪道。此外,该定义也考虑了翘尾巴淤积现象的客观现象。

（9）临界淤积比。指淤积比大于该值后即失去拦沙能力的淤积比。

（10）淤满坝。指淤积比大于或等于 100% 的淤地坝。

（11）无效坝。指因淤满、或因淤积面高于泄洪设施底板高程、或因严重水毁等,不能继续拦沙的淤地坝,相关的判断标准将在第 3 章讨论。需要说明的是,此类坝虽不能继续拦沙,但之前淤积形成的坝地仍可发挥减少侵蚀产沙的作用。

（12）有效坝。指仍然可以继续拦沙的淤地坝,即淤积率小于临界淤积比的淤地坝。理论上,当淤积面达到泄洪设施底板高程后,淤地坝即失去拦沙功能。但实地查勘发现,不少淤地坝的淤积泥面高于溢洪道底板高程,有的甚至高出 15~30 cm,但此类坝的淤积主要发生在大暴雨洪水期间,其拦沙效率显然远低于新坝（即淤积面未达到溢洪道底板高程的淤地坝）。因此,本书所称的"有效坝",有的可以对坝址以上来沙全部拦截,有的只能拦截少量的上游来沙,即拦沙能力差异很大。

（13）淤地坝控制面积。指淤地坝实际可控制的坝址以上来沙的集水区面积,简称坝控面积。若坝址以上流域内还有其他淤地坝,则坝控面积为坝与坝之间的区间面积。工程设计中,坝控面积按该坝址以上的流域面积减去其中设计标准不低于该坝的淤地坝的坝控面积计算,但不重复计算。

（14）拦沙量。指淤地坝库区淤积体的质量。

（15）减蚀量。指因坝地压埋沟谷、抬高侵蚀基准面、改变沟谷地形和洪水过程等而导致的流域土壤侵蚀减少量。

（16）减沙量。指淤地坝因坝体拦沙和坝地减蚀而引起的入黄泥沙减少量，包括拦沙减沙量和减蚀减沙量两部分。

（17）产沙模数。指多年平均意义上的流域单位面积产沙量，单位 $t/(km^2 \cdot a)$。

（18）产沙强度。指某一年或某场降雨的流域单位面积产沙量，单位 t/km^2。

（19）有效降雨。本书特指日历年内日降水量大于 25 mm 的降水量总和，单位 mm，表示为 P_{25}。

（20）产沙指数。指流域单位有效降水在单位易侵蚀区内的产沙量。其中，易侵蚀区面积是指剔除城镇用地、石山区、河川地和平原后的流域面积，降水指标采用的是对流域产沙更敏感的有效降水 P_{25}。

（21）归一化输沙量。指流域单位有效降水在单位易侵蚀区内的输沙量。该概念的内涵与产沙指数相似、单位也相同，区别在于计算采用的沙量为把口断面的实测输沙量，而不是流域产沙量。如果流域内没有水库和淤地坝，也没有引水引沙工程，并忽略河道冲淤变化，则二者的数量相同。

（22）林草梯田有效覆盖率。指流域易侵蚀区内"梯田面积与林草叶茎的正投影面积 A_{ls} 之和"占流域易侵蚀区面积 A_e 的比例，单位为%。引入此概念，旨在体现流域易侵蚀区被林草植被和梯田保护的程度。

（23）天然沙量。指 1919~1959 年下垫面在 1919~2019 年长系列降雨情况下的产沙量推算结果。

2 淤地坝数量及其时空分布

2.1 现状淤地坝数量调查

目前黄土高原有多少淤地坝？这个问题看似简单,但因大量淤地坝建成时间久远、20世纪80年代以前的淤地坝多属群众自发建设、多次暴雨水毁和建筑占压等因素,且不同时期淤地坝分级和建设标准不尽相同,故现状淤地坝的数量成了近年争议的问题。然而,淤地坝的数量及其时空分布恰是摸清淤地坝减沙作用最关键的基础数据。因此,本研究对此问题高度重视。

表2-1是潼关以上黄土高原在1999年、2008年、2011年和2016年等四个时间节点的淤地坝数量对比,由表2-1可见,1999年以来,各省骨干坝(大型坝)的数量未见明显异常;但是,因2011年宁夏、内蒙古、山西和陕西等4省(自治区)中小型淤地坝数量较之前明显减少,淤地坝总数由之前的近9万座,减少至2011年的5.6万座。

表2-1 黄土高原各省(自治区)不同数据源的淤地坝数量对比 （单位:座）

省(自治区)	1999年			2008年			2011年			2016年		
	总量	骨干	中小型	总量	骨干	中小型	总量	骨干	中小型	总量	骨干	中小型
青海	708	33	675	663	154	509	665	170	495	589	173	416
甘肃	709	163	546	1 465	508	957	1 559	551	1 008	1 598	559	1 040
宁夏	16 720	84	16 636	1 117	347	770	1 112	325	787	1 116	325	791
内蒙古	2 760	257	2 503	2 376	735	1 641	2 195	820	1 375	1 830	768	1 062
山西	30 555	377	30 178	43 709	1 001	42 576	17 282	1 083	16 199	18 161	1 191	16 970
陕西	34 169	338	33 831	38 951	2 555	36 396	33 252	2 538	30 714	33 910	2 630	31 280
合计	85 621	1 252	84 369	88 281	5 300	82 849	56 065	5 487	50 578	57 204	5 646	51 559

注:1. 内蒙古的数据只包括鄂尔多斯市和呼和浩特市河龙区间的淤地坝数据。

2. "1989数据"只有陕北榆林和延安两市的信息,故未单独展示。

为弄清原因,我们重点核对了3个时间节点的各县(区、旗、市)中小型淤地坝的数量,并实地走访了数据有异常变化的相关县(区)。表2-2是黄土高原典型地区的中小型坝核查结果,由表2-2可见。

表 2-2　典型地区中小型淤地坝数量变化情况　　(单位:座)

减少类型	区域	所在支流	水土流失程度	2011 年	2008 年		1999 年
					中小坝	其中中型	
大幅减少	海原县	清水河	中度	34	31	22	15 216
	汾西县	汾河	轻度—中度	98	9 309	25	12 023
	包头市	昆都仑河等	轻度	75	458	35	2 181
	陕西关中 5 市	渭河中下游	轻度—中度	473	2 605	72	1 848
	小计			680	12 403	154	31 268
小幅减少	榆林市 12 县(区)	河龙区间北洛河上游	剧烈	19 635	21 686	7 075	20 555
	延安市北 7 县(区)			9 818	11 089	1 847	10 647
	吕梁市河龙区间			11 477	12 409	143	12 819
	小计			40 930	45 184	9 065	44 021
异常波动	河曲	河龙区间	强度—剧烈	1 360	6 313	31	397
	保德	县川河,朱家川		60	1 905	12	31
	偏关	偏关河		245	1 431	19	45
	小计			1 665	9 649	62	473

（1）中小型淤地坝数量发生剧烈减少者,主要是水土流失强度属中轻度的海原县、汾西县、包头市和陕西关中的县(区),他们的中小型坝数量从 1999 年的 31 268 座剧减至 2011 年的 680 座。该区中型坝极少,故中小型坝总量的减少主要体现在小型坝数量剧减。实地调查得知,造成小型坝数量剧减的原因是:在海原县和汾西县,之前被称为淤地坝的河滩地围坝(为耕种需要),在 2011 年水利普查时均被剔除,当地人称其为"生产坝",其实景见图 2-1。此外,2011 年的水利普查未计入总库容小于 1 万 m³ 的微型淤地坝。

(a)海原县

(b)汾西县

图 2-1　生产坝实景

（2）河曲、保德和偏关等三县的小型坝数量波动属"异常"现象。众所周知，黄土高原中小型淤地坝的建设投资主要靠当地自筹，尤其小型坝建设更靠自筹资金。在1999～2008年的10年间，在水土流失面积分别只有1 080 km²、846 km²、1 358 km²的县域内，三县每年新增900多座中小型淤地坝的可能性极小。

（3）山西某县小型坝数量仍存在偏大嫌疑。该县黄土丘陵区面积约2 400 km²，现有大中型坝125座、坝控面积316 km²。如果目前统计的5 400座小型坝属实，即使按单坝控制面积0.4 km²计算（一般0.5 km²），小型坝的合计坝控面积也达2 160 km²，这意味着该县全部淤地坝的坝控面积已大于黄土丘陵区面积，显然不可能！该县小型坝建设时间与陕北相似，1999年的统计数据表明，该县近6 600座小型坝的总淤积量只有7 900万m³，这说明其大部分淤地坝实际是库容小于1万m³的微型坝。与某县相邻的柳林县，1999年统计数据为2 800座，但至2011年普查时已降至1 490座，减少约47%。参考柳林县的核减比例和某县小型坝的库容数据等信息估计，在2011年某县5 400座小型坝中，约一半极可能是库容小于1万m³的微型坝，不应继续列入淤地坝统计数据中。

（4）榆林市的12个县（区）、延安市北部7县（区）是目前中小型淤地坝最多的地区，与2008年相比，该区2011年中型坝数量略有增加，但小型坝数量减少近4 300座（减幅9.5%）、平均每县减少159座。实地走访和统计分析表明，小型坝标准变化、部分小型坝被计入中型坝、严重水毁淹没和基础设施建设占用等是小型坝数量减少的主要原因。

利用"1989数据"，结合1990年以来新增的淤地坝数据，对榆林和延安两市不同级别的淤地坝数量进行了复核。我们注意到，"1989数据"对大型坝、骨干坝、中型坝和小型坝的定义与现在有所区别（见表2-3），进而不仅使一些库容大于500万m³和小于1万m³的拦沙工程纳入淤地坝统计，而且使不同级别的淤地坝数量与现在不符。

表2-3　不同时期淤地坝分级标准变化

项目	1989年淤地坝普查				2011年水利普查		
	骨干坝	大型坝	中型坝	小型坝	骨干坝	中型坝	小型坝
库容（万m³）	50～500	≥100	10～100	0.5～10	50～500	10～50	1～10
坝高（m）		≥30	15～30	5～15			
淤地面积（亩）	20～50	≥100	30～100	3～30			
淤积年限（年）	10～30	20	5～10	5			

注：1亩=1/15 hm²，全书同。

利用"1989数据",我们分析了小型坝的库容分布,结果发现,榆林和延安两市库容为0.5万～0.99万 m³者分别占其"小型坝"总量的7.2%和13.4%——在2011年水利普查时此类坝已不再归入"淤地坝"。

有些县将小型坝计入中型坝,也使2008年以来的中型坝数量较实际明显偏大。以陕北某县为例,1989年、1999年和2008年全县中小型坝总量分别为2 879座、3 082座、3 293座,即1989年之后20年的中小型坝增量仅为414座,但其中的中型坝竟然增加1 458座,显然很不正常。该现象在陕北不少县(区)都不同程度地存在,受此问题影响最大的是佳芦河、无定河、清涧河和延河一带地区。

为统一口径、方便使用,按照现行的淤地坝分级标准,在淤地坝总量基本不变的前提下,我们对"1989数据"的陕北淤地坝按库容进行了重新分类,并剔除了库容大于1 000万 m³的特大淤地坝和库容小于1万 m³的微型淤地坝,整理了陕北老坝(1989年之前建成的淤地坝)的数量,见表2-4。表中的微型坝是指库容小于1万 m³的淤地坝,数量达22 895座,按现行的淤地坝分类标准,此类微型坝已不再纳入淤地坝统计。因未计入1989年以前就已经完全水毁的淤地坝,故表2-4中数据可以理解为1989年底的陕北淤地坝存量。

表2-4　陕北1989年之前建成淤地坝的数量　　　　　　　(单位:座)

名称	骨干坝(座)	中型坝(座)	小型坝(座)	淤地坝合计(座)	微型坝(座)
榆林市	1 613	4 244	12 865	18 722	16 622
延安市	398	1 179	9 325	10 902	6 273
陕北合计	2 011	5 425	22 190	29 626	22 895

显而易见,由于随后的暴雨水毁和建设占压等因素,目前陕北现存的老坝数量必将更少。将重新梳理的陕北淤地坝数量与"2008数据"进行了对比,结果表明:榆林中型坝"2008数据"的数量很可能较实际偏多约2 357座(不包括2003年以来旧坝加固的200余座老坝),原因是有些县(区)把部分小型坝调整成了中型坝;延安市也存在同样的情况,其中3个县(区)偏多307座(不包括2003年以来旧坝加固的140余座老坝)。相反,在2008数据中,陕北有些县的中型坝数量少于1989年。分析认为,1994年无定河和北洛河大暴雨、2002年清涧河大暴雨等,造成多地淤地坝水毁严重,因此2008年淤地坝数量少于1989年的现象是合理的。针对以上情况,我们将其1989年的中型坝与1990年以来登记新建的中型坝相加,并扣除2003年以来被计入"新建"的旧坝加固量,作为相应县(区)的现状实际中型坝数量;相应地,将核减的中型坝(不含水毁)计入1989年以前的小型坝数量。

表2-5是复核后的2016年潼关以上黄土高原淤地坝数量,由表2-5可见,

该区现有淤地坝 5.5 万座,其中骨干坝 5 546 座、中型坝 8 596 座、小型坝 40 982 座;大中型坝占 25.5%,小型坝占 74.5%。与水土保持部门目前的统计数据相比,差异主要表现在陕北地区:中型坝数量有所减少,小型坝数量有所增加;此外,对山西某县小型坝数量也核减了 50%。

表 2-5　2016 年潼关以上黄土高原淤地坝数量　　　　　　　　(单位:座)

省(自治区)	骨干坝	中型坝	小型坝	合计
青海	173	128	288	589
甘肃	559	451	590	1 600
宁夏(不含内流区和宁东)	307	358	405	1 070
内蒙古(河龙区间和十大孔兑)	768	585	477	1 830
山西(潼关以上)	1 155	804	13 753	15 712
陕北	2 494	6 198	25 157	33 849
关中	90	72	312	474
潼关以上合计	5 546	8 596	40 982	55 124

毋庸讳言,尽管对不同数据源的各县数据进行了反复比对和甄别,但我们迄今掌握的情况可能与实际情况还存在一定偏差,因此表 2-5 中数据虽然更接近反映研究区淤地坝的实际情况,但仍不能确保数据的精准可靠。宏观判断,表中的大中型坝数量相对可靠,但小型坝仍可能略偏多。

2.2　淤地坝空间分布

淤地坝的空间位置与其拦沙量大小密切相关,因此是人们关注的重要问题。黄土高原各地水土流失程度相差很大,20 世纪 70 年代以前,河龙区间侵蚀模数一般可达 10 000~20 000 t/(km² · a),有的地方甚至达 20 000~30 000 t/(km² · a),而黄河上游大部分地区侵蚀模数一般为 3 000~8 000 t/(km² · a)。因此,作为水土流失治理的重要措施,各地淤地坝的数量也有所区别。

图 2-2~图 2-4 是潼关以上黄土高原现状骨干坝、中型坝和小型坝的空间分布。由图可见,河龙区间是淤地坝最多的地方,2016 年,该区有骨干坝 3 817 座、中型坝 6 740 座、小型坝 36 783 座,分别占其潼关以上黄土高原相应总数的 69%、79% 和 90%,其中大中型淤地坝主要分布在河龙区间黄河右岸,小型淤地坝主要集中在河龙区间的晋陕两省。黄河上游的洮河、大夏河、庄浪河和苦水河等支流是淤地坝最少的地方,例如洮河下游只有 12 座骨干坝和 4 座中型坝,控制面积只占区域水土流失面积的 1.8%。

深入分析图 2-2~图 2-4 可见,现状淤地坝不仅集中在河龙区间,更集中在

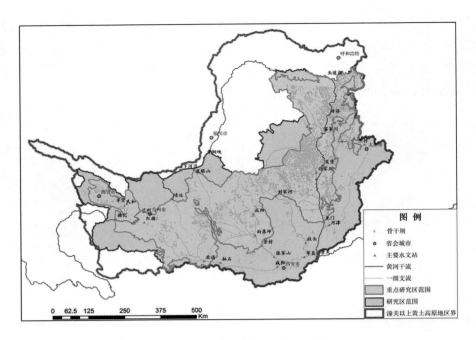

图 2-2　2016 年研究区骨干坝分布

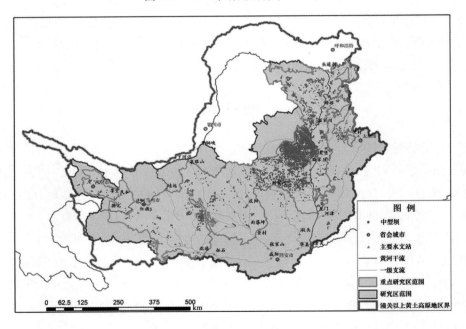

图 2-3　2016 年研究区中型坝分布

河龙区间的中西部。利用 1989 年淤地坝普查数据,图 2-5 给出了陕北各支流截至 1989 年的淤地坝密度。为便于比较,按库容大小,我们把全部淤地坝折算成了中型坝。由图 2-5 可见,无定河是淤地坝最多的流域,窟野河(陕西境内)、延河和北洛河上游淤地坝相对较少。考虑到 1990 年以来真正的新建坝

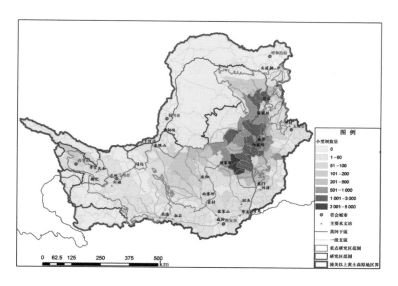

图 2-4　2016 年研究区小型坝分布

不多(许多是旧坝加高或加固),图 2-5 可以大体反映相关支流目前的情景。

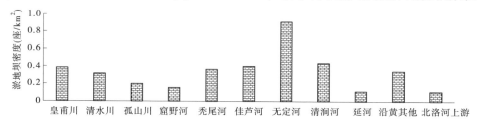

图 2-5　1989 年陕北支流黄土丘陵区淤地坝密度

　　无定河流域不仅淤地坝数量大,而且库容大,见表 2-6。至 1989 年,无定河流域库容≥500 万 m³ 的超大型淤地坝共 22 座,总库容 19 989 万 m³,占9.3%;库容 1 000 万~3 440 万 m³ 的特大型淤地坝 6 座,总库容 10 040 万 m³。在无定河 22 座库容大于 500 万 m³ 的超大型淤地坝中,18 座分布在横山和靖边一带。

表 2-6　典型支流的单坝最大库容

支流名称	皇甫川	清水川	孤山川	窟野河	秃尾河	佳芦河	无定河	清涧河	延河
库容(万 m³)	350	364	370	219	273	355	3 440	841	260

2.3　淤地坝建成时间分布

　　与空间分布信息相比,淤地坝建成时间信息对分析其不同时期的拦沙作用具有更重要的参考价值。本书利用从黄土高原各地采集的多源数据,经反复比对、核实,基本查明了黄土高原各地不同分级淤地坝的建成时间分布。

图2-6是潼关以上黄土高原逐年建成的大中型淤地坝数量,由图2-6可见,1958~1979年和1998~2011年是大中型淤地坝建设的高潮期,占建成总量的88%。在黄土高原现状淤地坝中,30%的骨干坝和60%的中型坝建成于1979年以前;在第二个高潮期,建成的中型坝数量不及20世纪六七十年代,而且骨干坝与中型坝的比例则由六七十年代的1∶2.7变为1∶1。20世纪80年代以后,随着农村社会经济结构的变化,靠自筹资金和群众投劳方式建设淤地坝的难度越来越大,故1980~1997年建成的淤地坝数量不多;2011年以后,新建淤地坝更少,对旧坝的除险加固成为各地淤地坝工作的重点。

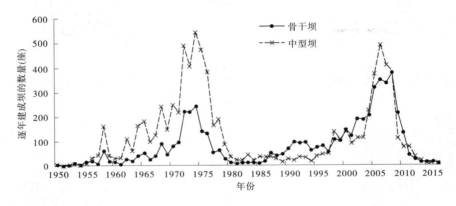

图2-6 潼关以上黄土高原逐年建成的大中型淤地坝数量

值得注意的是,在淤地坝建设的第一个高潮期1958~1979年建成的6 550座大中型淤地坝中,98%分布在陕北,尤其是河龙区间的陕西境内,见图2-7和图2-8。直至1986年,青海、甘肃、宁夏、内蒙古和山西五省(自治区)建成的大中型淤地坝也只有191座,其现状大中型坝的81%建成于1998年以后;而陕北现状大中型坝中,1998年以后建成者分别仅占30%和17%。

在水利部淤地坝亮点工程(黄河中游水土保持委员会办公室,2004)的带动下,淤地坝建设进入第二个高潮期,黄土高原淤地坝建设呈现出"遍地开花"的态势,见图2-6~图2-8。不过,在老旧淤地坝集聚的陕北地区,近年不少标识为"新建坝"者,实际很多属旧坝加固,结果造成一个奇特的现象:尽管暴雨明显偏少,但2004~2008年建成的淤地坝中,2008年竟有37%的大中型坝淤积比超过60%,甚至23座淤积比达100%,淤积速率远远大于20世纪六七十年代。基于我们近年多次实地查勘的认识,在2004年以来的"新建坝"中,实属旧坝加固者约占一半。

图2-9是宁夏回族自治区和内蒙古鄂尔多斯市的小型坝建成时间分布。

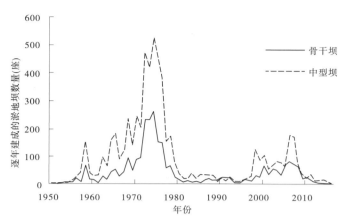

图 2-7 陕北地区逐年建成的大中型坝数量

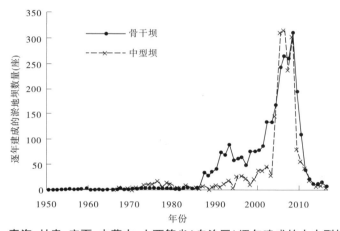

图 2-8 青海、甘肃、宁夏、内蒙古、山西等省(自治区)逐年建成的大中型坝数量

除晋、陕两省外,其他各省(自治区)小型坝的建成时间分布与之大体相似。

晋、陕两省的小型坝主要建成于 1979 年以前。其中,陕北 87.3% 的小型坝建成于 1979 年以前,见图 2-10。山西省的大中型淤地坝建成时间分布与青、甘、宁、蒙四省(自治区)相似,但小型坝建成时间与陕北基本相同;河龙区间也是山西小型坝集中分布的地方,约占其潼关以上总数的 34%。遗憾的是,本次研究没有采集到山西省小型坝建成时间、控制面积、地理位置和淤积情况等信息的详细数据。

从认识黄河水沙变化情况角度,人们往往把 1969 年以前视为"天然时期",即该时期人类活动对流域产输沙影响很小。但据 1989 年陕北淤地坝普查结果看,1950 年以前就已经建成淤地坝 274 座;1959 年以前和 1969 年以前建成坝分别占 1989 年以前建成坝总数的 7.4% 和 39.1%。

综合分析可见,1958~1979 年和 1998~2011 年是潼关以上黄土高原淤地坝建设的高潮期,其中陕北地区淤地坝和山西小型坝主要建成于 1989 年以

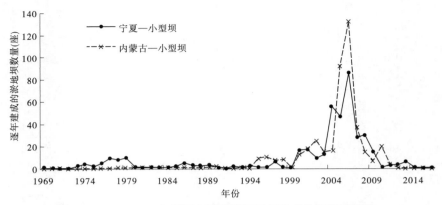

图 2-9   1969~2016 年黄河上游典型区逐年建成的小型坝数量

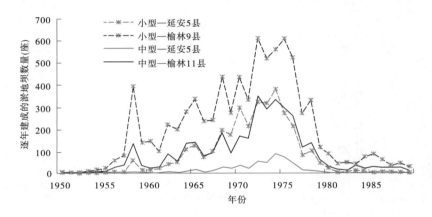

图 2-10   1950~1989 年陕北中小型坝建成时间分布

前,其他淤地坝主要建成于 1998 年以后,1989~1997 年建成的淤地坝很少。为便于表述,以下把 1989 年以前建成的淤地坝统称为"老淤地坝"或"老坝"。统计表明,现状约 5.5 万座淤地坝中,32% 的骨干坝、61% 的中型坝和 82% 的小型坝建成于 1989 年以前。

无定河不仅是淤地坝最多的地区,也是老坝最多的地区。早在中华人民共和国成立之前,无定河流域就已经建有 7 座大中型淤地坝。由图 2-11 可见,至 1971 年,无定河流域黄土丘陵区的大中型坝密度就已经达到其他支流现在的水平,目前更达其他支流的 2 倍以上。

需要说明的是,因缺乏详细的时间信息,本节绘图时没有剔除由小型坝"提拔"而成的中型坝和旧坝改造的数量,直接采用了水保部门的统计数据。因此,对于图 2-6 和图 2-7,2000 年以后的淤地坝数量信息可能较实际偏大。不过,该问题不会改变淤地坝发展的定性趋势。

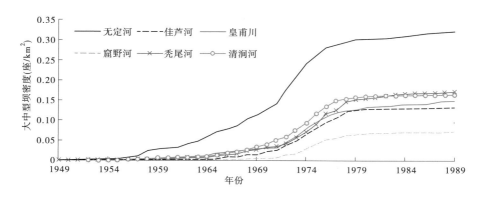

图 2-11　典型支流淤地坝规模对比

2.4　淤地坝查询系统研发

20 世纪 90 年代以来,各级水行政主管部门对黄土高原地区淤地坝进行多次大规模普查、调查和实测,获取了不同时期、不同地区的淤地坝基础数据,在实际工作和科学研究中发挥了重要作用。但由于淤地坝基础数据繁杂,不同时期淤地坝分级标准、统计口径不尽相同,现状淤地坝的数量及分布情况一直备受争议。本书针对淤地坝基础数据问题进行了多番核查,基于不同数据源对潼关以上黄土高原在 1999 年、2008 年、2011 年和 2016 年四个时间节点的淤地坝数量对比复核,对不同时期、不同地区淤地坝数量波动等异常现象进行反复比对和甄别,并实地走访了数据有异常变化的相关县(区)对各县淤地坝数据进行了不断修正,但迄今为止基础数据与实际情况还存在一定偏差,在应用中产生了诸多问题,影响到数据成果的准确性。

因此,为逐步摸清淤地坝的数量及其时空分布,进而方便数据使用,特研发淤地坝查询系统,对不同来源的淤地坝信息和资料进行统一管理,通过自动化的查询比对功能逐步实现淤地坝基础数据的精准化,为后续淤地坝减沙作用等深入研究提供更为准确可靠的数据基础。淤地坝查询系统也为充分挖掘数据价值提供了平台,按照数字化发展的要求和理念,利用计算机、互联网+等信息化技术对已有数据进行认真梳理和甄别,实现对黄土高原各类淤地坝实测、普查、调查数据的集成与整合,通过数据分类管理和空间数据上图,不断厘清黄土高原淤地坝的数量及时空分布,为相关业务和研究提供规范化、标准化的基础数据。

淤地坝查询系统涉及信息整合、数据规范、应用分析等子系统,通过实现各类淤地坝数据的集成、整合、分析、处理,达到全面了解黄土高原淤地坝建设基本情况的目标,并为将来实现调查数据标准化及时入库奠定基础,逐步建成包含数据、文档、图纸、多媒体等信息的多元海量淤地坝数据库。从长远看,该系统对实现水土保持治理、监测、行政审批等工作数据应用互联互通、资源共享,提升淤地坝数据信息的利用率和科学管理水平具有重要意义。

为满足提高淤地坝数据应用能力的要求,黄土高原淤地坝查询系统的具体建设内容主要包括需求分析与系统框架结构设计、淤地坝数据库建设和淤地坝系统功能设计。

2.4.1 建设内容

2.4.1.1 需求分析与系统框架结构设计

对黄土高原淤地坝多年、不同来源的调查、实测、统计数据进行整理分析,结合业务与科研工作要求开展需求分析,明确系统所需实现的功能,确定淤地坝标准数据格式和功能设计结构,构建淤地坝管理系统结构框架。

2.4.1.2 淤地坝数据库建设

淤地坝数据库所需的基础数据主要包括淤地坝基本信息和行政区数据、支流数据、水保分区数据等,依据标准化的各类数据格式(图形信息、属性信息、图像信息、统计数据)进行建库,设计和搭建符合淤地坝数据管理要求的数据库系统。

2.4.1.3 淤地坝系统功能设计

结合需求分析和设计要求,搭建一套能够对淤地坝数据实现整理、校正、批量入库、查询、统计、展示和输出等功能的系统。

2.4.2 系统框架结构设计

系统总体结构设计包括系统框架结构设计和系统网络部署设计。框架结构设计涉及淤地坝数据库服务、业务应用服务、权限分级控制等功能部分。淤地坝数据库服务主要提供数据的存储和管理,主要的管理数据有系统信息、用户信息、行政区划信息、重点支流信息、重点区域、遥感影像、淤地坝库、专题地图等十三类数据。业务应用服务提供用户需要的各类淤地坝数据整理校核服务和淤地坝数据应用分析服务,具体包括系统信息管理、数据整理校验、数据录入输出、数据查询浏览、数据汇总统计、数据分析应用等功能模块。权限分级控制实现对不同等级的用户提供不同类型的操作和数据服务功能。系统框架设计结构如图 2-12 所示。

淤地坝查询系统网络部署设计基于 Java 开发的 Web 系统,以计算机、前端采集专用设备、智能终端设备为硬件平台,后台部署于数据库服务器和发布服务器上,运行操作系统环境为 Window Server 版服务器系统。

本系统的网络部署结构主要由三部分组成,包括服务器设备、淤地坝数据

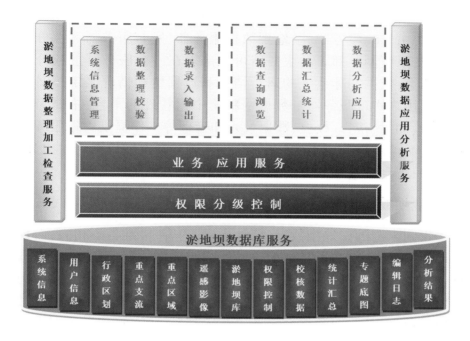

图 2-12　系统框架设计结构

管理部分和淤地坝应用部分,如图 2-13 所示。

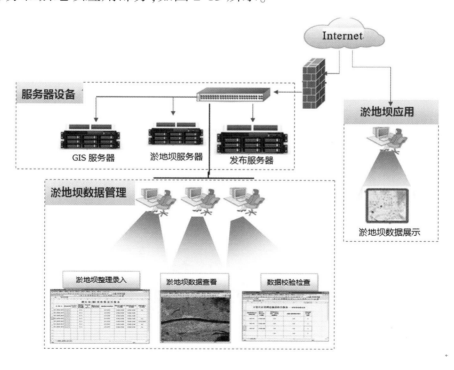

图 2-13　系统网络部署结构

服务器设备部分是系统建设的基础,是淤地坝数据资料信息存储和运行的依托,主要由 GIS 服务器、淤地坝数据服务器、发布服务器三部分组成。根据实际情况,系统网络部署的服务器可以部署在一台服务器上或分别部署在三台服务器上,依据实际系统的运行情况和数据负载情况来定。淤地坝数据管理部分是用户实现服务器上数据资料集中化管理的平台,主要为淤地坝数据进行整理、加工、检查、校核、数据录入和管理等工作提供管理服务。淤地坝应用主要是淤地坝数据成果的应用和展示,通过淤地坝数据的对比分析、成果汇总,让用户得到淤地坝数据的各项应用服务。

2.4.3 淤地坝数据库建设

对于不同来源的淤地坝数据,统计指标、内容、标准各不相同,而且每类来源的淤地坝数量较大,为了尽可能全面保留淤地坝数据信息、方便海量数据管理查询,需对不同来源的淤地坝数据采用不同数据空间、不同属性结构进行存储,每个淤地坝来源都具有独立的数据空间。对于新来源的淤地坝数据,新建一个淤地坝数据空间,对数据的标准进行定制后,录入管理淤地坝数据。

现状淤地坝数据主要包括 20 世纪以下 11 个方面的来源,如图 2-14所示。

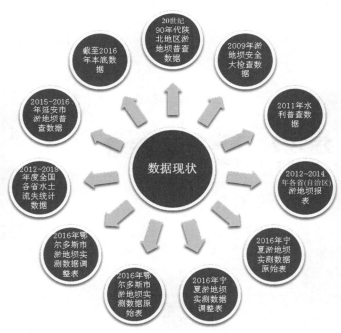

图 2-14　数据空间组成

2.4.4 淤地坝系统功能设计

依据淤地坝数据管理应用的需求,系统功能模块分为系统管理、淤地坝数据录入管理、淤地坝数据检查校核、淤地坝数据管理、数据库备份恢复、淤地坝数据分析应用等。系统功能模块组织如图 2-15 所示。

2.4.4.1 **系统管理**

系统管理功能主要包括系统配置、权限控制、用户信息管理、个人信息管理等内容。

1. 系统配置

管理员对系统中各类参数或指标信息进行配置,如系统名称、录入员编辑时长等。

2. 权限控制

用户权限分为管理员、审核员、录入员、一般用户。管理员可以维护使用系统的用户信息,并为用户分配权限。审核员可以随时修改系统中所有数据,进行淤地坝数据的登

图 2-15　系统功能模块

记和编辑,管理操作日志(记录每项数据更改或新增的时间、编辑人员和事由)。录入员可以录入淤地坝数据,同时可以修改指定录入时间段范围内的淤地坝数据(指定编辑时长内,只能修改在该时间段内录入的淤地坝数据)。一般用户只能对淤地坝信息进行浏览、查询、统计。

3. 用户信息管理

管理员可以对使用系统的用户及用户权限进行配置,为用户划分部门、分配使用的账号信息。用户从管理员处获取了账号和初始密码后才能登录系统。管理员能够通过权限设置对数据使用范围和功能模块进行控制,最终实现对部门、用户、角色的权限控制,具体包括:

(1)提供用户管理功能,可配置用户安全性要求,如密码长度、有效期、用户级别、用户基本信息(姓名、地址、电话等),以及用户的部门属性等。

(2)提供基于角色的安全管理。系统针对不同登录用户的角色进行不同的安全管理,例如:设置可使用的模块、可查看的信息、可操作的功能等,从而限制用户对于系统的操作权限。

4. 个人信息管理

每个用户第一次登录系统后,需要对个人信息进行修改和完善,并对个人初始密码进行修改,以确保个人账号的安全性。用户个人信息主要包括以下几个属性(见表 2-7)。

表 2-7　用户信息

序号	属性	说明
1	用户名称	用户名称是使用系统的用户真实名称
2	用户账号	目前使用用户手机号码作为用户账号
3	用户密码	登录系统使用的验证密码
4	用户级别	用户权限级别,参考权限控制部分
5	用户所在部门	
6	用户邮箱	
7	用户 QQ	
8	用户手机号码	
9	用户是否使用	使用状态

5. 日志管理

系统通过日志管理,记录用户登录信息、对淤地坝数据的添加和修改的信息,以及修改缘由。管理员在日志管理界面,可以查看到用户使用系统的时间、对系统的操作和操作内容项;对于录入人员同时记录对数据的修改时间、具体修改事项及缘由;允许在新的淤地坝数据空间中新增单坝信息数据,并注明新增时间、新增人员等信息。

6. 重点区域管理

系统管理的区域有黄河流域界、黄土高原界、水土流失重点区界、水土保持分区界、支流流域界,这些区域界不仅可以作为底图进行选择性显示,还可以对淤地坝位置进行校正,实现对淤地坝按空间位置查询、统计、分析。

7. 行政区信息管理

每个淤地坝数据都有所属省(自治区)、所属市、所属县(区)的信息,为了严格规范数据,方便数据的定位和检索,对行政区划数据进行编码和标准命名,并对行政界限进行规范,使用 WGS−84 坐标系统,方便淤地坝数据的校核和定位。

8. 淤地坝数据空间配置管理

由于淤地坝数据量太大,对不同数据来源的淤地坝,建立独立淤地坝数据空间,一个独立数据空间的淤地坝数据,数据来源是一致的,淤地坝具有的属性信息也一致。

管理员可以通过淤地坝数据空间配置管理模块,不同来源的淤地坝数据空间不同,管理员可以新建淤地坝数据空间,来存储新收集来的淤地坝数据,这些淤地坝数据可以对系统中标准淤地坝库进行修正,同时可以利用标准淤地坝数据对新录入的淤地坝数据进行校核和完善。依据目前收集的淤地坝数据情况,淤地坝数据空间主要有以下信息(见表 2-8)。

表 2-8　淤地坝空间数据

序号	编码	淤地坝空间名称	淤地坝空间数据说明
1	A0001	标准淤地坝空间库	
2	B0001	20 世纪 90 年代陕北地区淤地坝普查数据	
3	B0002	2009 年淤地坝安全大检查数据	涉及青海、甘肃、宁夏、内蒙古、陕西、山西、河南七省(自治区)的骨干坝(5 708 座)和中型坝(10 722 座)
4	B0003	2011 年水利普查数据	涉及青海、甘肃、宁夏、内蒙古、陕西、山西、河南七省(自治区)的骨干坝(5 645 座)和中小坝,其中骨干坝是单坝信息,中小型坝为打捆统计数字
5	B0004	2012~2014 年各省(自治区)淤地坝报表	涉及青海、甘肃、宁夏、内蒙古、陕西、山西、河南七省(自治区)的骨干坝(167 座)、中型坝(175 座)、小型坝(32 座),其中骨干坝为逐坝数据,中小型坝为分县统计数字
6	B0005	2016 年宁夏回族自治区淤地坝实测数据原始表	涉及宁夏回族自治区的骨干坝(323 座)、中型坝(374 座)、小型坝(412 座),全部数据为逐坝数据
7	B0006	2016 年宁夏回族自治区淤地坝实测数据调整表	2016 年宁夏回族自治区淤地坝实测数据原始表基础之上经过坐标修正
8	B0007	2016 年鄂尔多斯市淤地坝实测数据原始表	涉及鄂尔多斯市的骨干坝(631 座)、中型坝(441 座)、小型坝(441 座),全部数据为逐坝数据
9	B0008	2016 年鄂尔多斯市淤地坝实测数据调整表	2016 年鄂尔多斯市淤地坝实测数据原始表基础之上经过坐标修正
10	B0009	2012~2018 年度全国各省(自治区、直辖市)分县水土流失综合治理统计数据	逐年骨干坝、中型坝、小型坝统计数量或较上年新增数量
11	B0010	2015~2016 年延安市淤地坝普查数据	涉及延安市安塞、宝塔、吴起、延川、延长、志丹、子长 7 县(区)
12	B0011	截至 2016 年本底数据	作为后期数据更新、修改的基础本底数据

9.淤地坝数据空间字典管理

淤地坝数据空间字典是对每个淤地坝数据空间的特有属性信息进行管理的集合,对于标准模板之外的特殊信息,可以通过配置淤地坝数据空间字典实现对特有数据的存储和管理。字典信息主要包括以下信息(见表2-9)。

表2-9 字典信息

序号	属性名称	属性别名
1	MC	属性名称
2	BM	属性编码
3	Len	属性长度
4	LX	属性类型

2.4.4.2 数据录入

录入人员可以对系统中淤地坝数据空间进行淤地坝数据录入,录入方式有两种,一种是批量导入已经整理好的淤地坝标准数据,另一种是对指定淤地坝数据空间登记单个淤地坝数据。

1.淤地坝数据登记

对于每一种来源的淤地坝数据,录入人员可以进行单坝信息的登记录入,登记录入时,只录入淤地坝的基础信息,这些基础信息主要有淤地坝名称、淤地坝所属行政区、淤地坝坐标信息、淤地坝库容等(见表2-10)。

表2-10 淤地坝基本信息

序号	级别名称	职责说明
1	淤地坝编码	编码系统自动产生,不需要录入
2	淤地坝名称	淤地坝名称
3	淤地坝类型	水库、骨干坝、中型坝、小型坝、微型坝,依据淤地坝总库容确定淤地坝类型
4	所属行政区	填写淤地坝所在的省(自治区)、市、县(区)信息
5	坐标信息	填写淤地坝经纬度坐标信息
6	建成日期	选择淤地坝建成的日期,格式:××××-××-××
7	控制面积(km^2)	淤地坝控制面积
8	坝高(m)	淤地坝高
9	总库容(万 m^3)	淤地坝总库容
10	淤积库容(万 m^3)	淤地坝设计淤积库容
11	已淤积库容(万 m^3)	淤地坝已淤积库容,为动态信息

2. 淤地坝数据批量导入

对于每一种来源淤地坝数据,都有定制好的模板数据格式,用户按照模板格式把标准化后的淤地坝数据整理到模板中,即可对整理好的数据批量导入到规定的淤地坝数据空间里。淤地坝数据进行批量导入时,会进行数据的检查,对检查失败的数据不能进行导入,用户对修改无误的数据才能进行完成批量导入工作。批量数据检查工作主要包括行政区信息填写是否规范、建成日期填写是否规范、填写的坐标信息是否符合要求、是否在填写的行政界范围内等。

2.4.4.3 检查校核

淤地坝数据的检查校核分为两部分,第一部分在淤地坝数据进行批量导入系统之前,系统对整理后的淤地坝数据进行检查,是否符合要求的标准,并对检查内容不符合的淤地坝进行标注显示,以便于用户对信息不全或填写有误的淤地坝数据进行修改和完善。第二部分在数据录入后对淤地坝数据进行校核修正,把录入的淤地坝数据与系统标准空间库的淤地坝数据进行校核,确定淤地坝数据的信息是否准确,对有误的地方进行修改。

1. 淤地坝录入前的检查工作

录入人员在录入数据时,需要对录入数据的合理性进行校验,数据校验有以下几个方面:坝型判别、日期格式、坐标格式。

1)坝型判别

由于部分数据源坝型划分标准不一致,现统一按照总库容对坝型进行分类,1 万 m^3 ≤库容<10 万 m^3 为小型坝,10 万 m^3 ≤库容<50 万 m^3 为中型坝,50 万 m^3 ≤库容<500 万 m^3 为骨干坝,数据表中实现根据输入库容自动判别坝型的功能。

2)日期格式

淤地坝提供建设年份和建设时间两个字段,建设时间用于存储现有数据源中的详细时间(格式不统一:如 20 世纪 90 年代、1986 年、2000-02、2000/2/2等不同格式),建设年份用于存储统一的数字格式的四位年份信息,需要根据建设时间进行字段处理。

3)坐标格式

淤地坝提供十进制和度分秒两种坐标表示方式,并可以实现二者相互转换功能。对现有数据中存在的度(°)分(′)秒(″)符号格式不统一及不规范、经纬度标记相反的情况进行处理。

2. 淤地坝数据校核修正

用户可以选择校正淤地坝数据空间,通过检索,对不同空间内的相似信息淤地坝数据进行提取,以便于核对。用户可以对核对后需要进行修改的信息进行标注,系统自动对标注后的淤地坝数据进行更新,以达到对淤地坝数据进行快速、准确的校核修正。

通过所属县级行政区(如通过县域坐标范围)和数据坐标判断此坝是否位于应归属县级行政区,若不是,则根据应属县(区)信息进行坐标调整并标记调整坐标信息,调整原则为根据相同流域、相同村名、相同乡(镇)、相同县四列字段信息对同一数据源中未标记记录遍历查找,以查找到的满足条件的坐标信息作为该坝坐标确定的依据。

3. 淤地坝自动匹配功能

用户选择一个淤地坝数据空间的淤地坝,系统可以根据淤地坝信息从其他淤地坝数据空间中查找出与选中淤地坝数据最接近的淤地坝数据。

2.4.4.4 数据管理

淤地坝数据管理主要是对录入系统中的不同空间淤地坝数据进行管理,主要包括淤地坝数据、淤地坝调查资料、淤地坝调查照片等,管理的操作包括淤地坝数据检索、淤地坝数据的浏览、淤地坝位置修正、淤地坝数据编辑、淤地坝资料文件上传、淤地坝资料管理。

对于系统管理员和审核员,可以管理系统中所有淤地坝数据空间中的所有淤地坝数据,对于录入员只能管理个人录入的淤地坝数据,对淤地坝数据的操作只能在管理时效(录入淤地坝数据后规定的时间范围内)范围内编辑淤地坝数据并对淤地坝数据进行资料上传。

1. 淤地坝标准库建立

在淤地坝系统中建立一套基础的淤地坝数据,这套数据主要包括淤地坝名称、淤地坝类型、淤地坝坐标、淤地坝所属行政区信息等,作为其他数据空间数据核对校正的标准,见表2-11。

表 2-11　淤地坝基本信息

序号	字段	说明
1	淤地坝编码	
2	淤地坝名称	
3	淤地坝类型	淤地坝类型:骨干坝、中型坝、小型坝
4	所属省(自治区)	行政区
5	所属市	行政区
6	所属县(区)	行政区
7	所属流域	

2. 淤地坝查看

通过对指定淤地坝数据空间和淤地坝检索条件的设定,可以检索出满足条件的淤地坝信息。用户点击淤地坝信息可以查看到淤地坝的详细信息,包括淤地坝基础信息、底图上所在位置、淤地坝调查照片、淤地坝调查资料等。

3. 淤地坝位置修正

淤地坝位置修正主要是通过地图上坐标位置来修改淤地坝坐标,用户在底图上对淤地坝所在县(区)位置进行定位,用户可以直接在地图上点击淤地坝位置进行标注,达到修正淤地坝位置的目的。

4. 淤地坝信息编辑

在权限允许的范围内,用户可以对淤地坝数据进行修改,修改后系统对修改缘由进行记录,并可以通过日志的形式查看。

5. 淤地坝信息删除

在权限允许的范围内,用户可以对淤地坝数据进行删除,删除后系统对删除缘由进行记录,并可以通过日志的形式查看。

6. 淤地坝资料管理

在权限允许的范围内,用户可以对淤地坝调查照片、调查资料及相关文件进行上传、修改和删除等操作。

2.4.4.5　备份恢复

淤地坝数据是系统建设的重要成果,系统为了保证数据的安全性,对淤地坝空间数据提供备份和恢复功能,以保证在数据库或系统出现故障时,及时恢复数据,确保数据不丢失。系统在建设过程中充分考虑到淤地坝数据的安全性,设置了数据备份模块。

系统对淤地坝数据可以提供定时备份功能,定时备份可以按指定时间设置,也可以进行手动备份,以防止因为服务器崩溃导致的数据丢失。系统的数据备份机制分为三种:淤地坝数据手动备份、系统自动定时备份、系统数据同步备份。淤地坝数据手动备份是用户依据需要,手动对系统的数据进行随时随地备份。

2.4.4.6　分析应用

系统的分析应用功能主要是对淤地坝数据检索查询、地图上淤地坝分布情况查看、淤地坝数据统计分析、淤地坝成果数据输出等应用。

1. 地图上淤地坝分布情况查看

在基础地图上显示淤地坝的分布情况,同时可以在图上查询淤地坝的信息;辅助图层管理可以对底图图层是否可见进行控制,淤地坝图层管理可以按照淤地坝行政区信息和淤地坝类型进行控制可见性。

2. 淤地坝数据检索查询

用户指定一个淤地坝数据空间,输入检索条件,检索条件有淤地坝类型、淤地坝行政区、淤地坝库容等信息,系统依据淤地坝数据空间的数据,对满足条件的淤地坝数据进行列表。用户对淤地坝数据可以点击查看到淤地坝的详细信息,包括淤地坝基础信息、底图上所在位置、淤地坝调查照片、淤地坝调查资料等。同时可导出标准格式的淤地坝数据。

3. 淤地坝数据统计分析

用户淤地坝的统计分析,可以查看到各淤地坝数据空间中淤地坝的整体情况,包括淤地坝总数、各类型淤地坝数量、各行政区内淤地坝数量、各重点区域内淤地坝数量等。

4. 淤地坝成果数据输出

对于系统中用户检索的淤地坝数据可以按照标准格式进行输出,也可以对需要的数据项进行定制输出,为进一步的数据应用提供支持。

3 现状淤积程度分析

众所周知,骨干坝、中型坝和小型坝的设计使用寿命分别为 10~30 年、5~10 年、3~5 年,而现状约 30% 的骨干坝和 70% 的中小型坝运用年限已达 30~50 年,有些甚至已 60 多年,显然应有很多淤地坝已经失去拦沙能力。在潼关以上黄土高原现状 5.6 万座淤地坝中,如何识别出有拦沙能力的淤地坝,是淤地坝 2000 年以来拦沙作用计算的最大难点。本章拟寻求淤地坝是否具有拦沙能力的判断标准,进而识别出现状淤地坝中仍有拦沙能力的淤地坝数量及其空间分布,为分析其现状拦沙量、预测未来发展趋势等提供支持。

3.1 陕北淤地坝淤积发展过程

前文分析表明,截至 1989 年,黄土高原的大中型淤地坝主要集中在陕北、小型淤地坝主要集中在陕、晋两省,其他地区淤地坝仅占 2%。20 世纪六七十年代是陕北淤地坝建设的高潮,也是黄土高原水土流失最严重的时期。因此,摸清陕北淤地坝 20 世纪末的淤积程度,对准确把握其现状淤积程度,具有非常重要的意义。

基于 1993 年陕西省水土保持局和陕西省水土保持勘测研究所撰写的《陕北地区淤地坝普查技术总结报告》等系列研究报告,表 3-1 给出榆林和延安两市全部淤地坝在 1989 年的淤积比。表中的淤地坝分级与本书采用的分级标准有所不同,其"骨干"是指治沟骨干工程,"大型"指总库容大于 100 万 m^3 的淤地坝,"中型"指总库容 10 万~100 万 m^3 的淤地坝,"小型"指总库容为 0.5 万~10 万 m^3 的淤地坝。

由表 3-1 可见,除治沟骨干工程外(1986 年启动实施),榆林和延安两市不同级别淤地坝的淤积比例大体相同:大型坝分别为 70.3% 和 68.8%,中型坝分别为 77.0% 和 74.4%,小型坝分别为 89.6% 和 89.6%,平均淤积比分别为 76.8% 和 75.4%(未计治沟骨干工程)。不过,除只有坝体的闷葫芦坝外,由于淤地坝的最大淤积量不可能达到总库容、淤积面很难远高于泄洪设施的底板高程,因此,1993 年陕西水土保持部门的技术总结报告指出,95% 的淤地坝建成于 1980 年以前,现已基本淤平,大部分丧失继续拦沙和抵御洪水的能力;836 座大型坝(注:此处指库容大于 100 万 m^3 者)和 5 600 座中型坝(注:此处指库容 10 万~100 万 m^3 者)的剩余拦沙寿命只有 2.2 年和 1.2 年。

表 3-1　截至 1989 年陕北淤地坝规模及其淤积状况

区域	坝型	数量（座）	1969 年前建成坝(座)	控制面积（km²）	总库容（万 m³）	已淤库容（万 m³）	淤积比（%）	已淤地（亩）
榆林	骨干	39			6 109.92	1 636.92	26.8	
	大型	617			99 159.16	69 743.30	70.3	
	中型	4 270			136 558.64	105 082.52	77.0	
	小型	15 668			48 960.29	43 885.90	89.6	
	合计	20 594	8 333	11 367	290 788.01	220 348.64	75.8	314 564
延安	骨干	19			1 352.94	272.07	20.1	
	大型	219			37 772.1	25 986.6	68.8	
	中型	1 330			44 410.33	33 050.84	74.4	
	小型	9 635			20 604.69	18 451.84	89.6	
	合计	11 203	4 097	6 214	104 140.06	77 761.35	74.7	112 856

《陕北地区淤地坝普查技术总结报告》还指出：在普查的 31 797 座淤地坝中，完好者只有 7 690 座，占 24.2%，完好坝主要为大中型坝；大型坝的完好率为 2.2%，中型坝的完好率为 17.2%。在普查的 19 486 座小型坝中，病险坝达 80.6%，其中病坝 11.3%、险坝 66.8%。正是因为如此低的质量状态，在 1994 年遭遇几次大暴雨袭击的地区，淤地坝大量水毁是意料之中的事件：据陕西省水土保持局调查，1994 年榆林市受损淤地坝 6 187 座，其中坝体全毁者 1 475 座；延安市受损淤地坝 1 160 座，其中坝体全毁者 115 座。

利用收集整理的陕北 16 个县（区）的"1989 数据"，图 3-1 给出陕北主要支流淤地坝在 1989 年的淤积比；因暂未采集到宝塔、延长和吴起三县（区）的原始数据，延河和北洛河上游的淤积比信息稍欠准确。由图 3-1 可见，淤积程度最高的是皇甫川（陕西境内）、清水川、北洛河上游，平均淤积比约 80%；淤积程度最低的是佳芦河和延河，平均淤积比略超 60%。

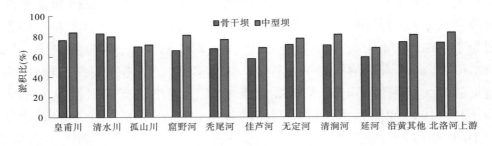

图 3-1　1989 年陕北支流大中型淤地坝的淤积比

2009 年，在水利部统一组织下，再次对陕北淤地坝进行了普查，基准年为

2008 年。利用 1989 年数据和 2008 年数据,可清晰看出陕北淤地坝的淤积发展过程。图 3-2~图 3-9 是榆林市和延安市大中型淤地坝截至 1989 年和 2008 年的淤积比图谱,其中纵坐标是每座淤地坝截至 1989 年或 2008 年的淤积比;横坐标是按建成时间排序的淤地坝序号,例如,若 1950 年和 1951 年分别建成 10 座和 35 座,则 1950 年淤地坝的序号为 1~10、1951 年的淤地坝序号为 11~45,依此类推。图 3-3、图 3-5、图 3-7 和图 3-9 中红色竖线的左侧均为 1989 年以前建成的淤地坝,蓝色竖线左侧均为 1979 年以前建成的淤地坝。因不少小型坝被"提拔"为中型坝,图 3-5 和图 3-9 中 1989 年以后建成坝的数量偏多,尤以图 3-5 非常突出,但不影响我们观察中型坝淤积比的发展过程。

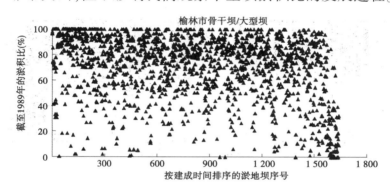

图 3-2 榆林市逐年建成的骨干坝截至 1989 年的淤积比图谱

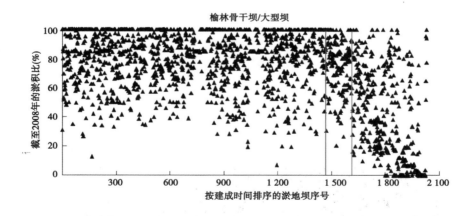

图 3-3 榆林市逐年建成的骨干坝截至 2008 年的淤积比图谱

分析图 3-2~图 3-9,可以得到以下认识:

(1)1989~2008 年,对于 1989 年前建成的淤地坝(红线左侧),淤积比为 60%~100% 的比例明显增多、淤积比小于 40% 的占比明显减少,说明在此 20 年中淤积仍在持续增加。

(2)对于 1979 年以前建成的淤地坝(蓝线左侧),无论建成时间早晚

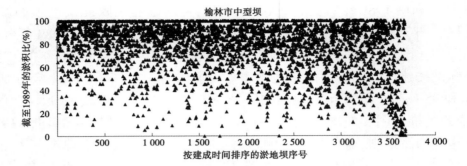

图 3-4　榆林市逐年建成的中型坝截至 1989 年的淤积比图谱

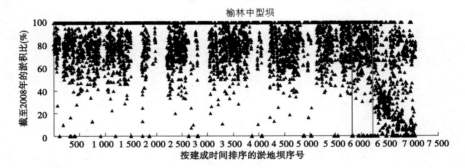

图 3-5　榆林市逐年建成的中型坝截至 2008 年的淤积比图谱

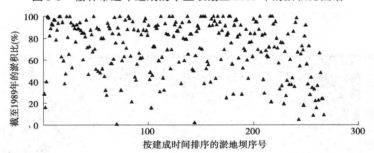

图 3-6　延安市北部 4 县逐年建成的骨干坝截至 1989 年的淤积比

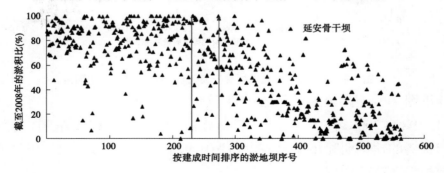

图 3-7　延安市逐年建成的骨干坝截至 2008 年的淤积比

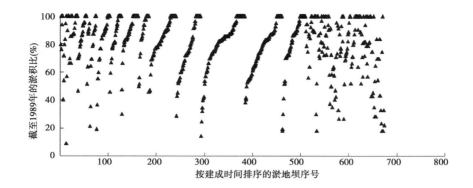

图 3-8　延安市北部 4 县逐年建成的中型坝截至 1989 年的淤积比

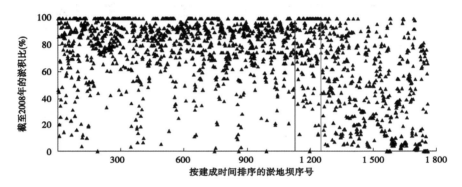

图 3-9　延安市逐年建成的中型坝截至 2008 年的淤积比

（1950～1979 年），其 2008 年的淤积比图谱特征几乎没有差别：多数坝淤积比为 60%～100%，少量淤积比甚至不足 20%，甚至零淤积，该现象在中型坝表现更突出。该现象提示，对于 1979 年以前建成的淤地坝，可能绝大多数已在 2008 年之前的 20 年内停止淤积。

（3）在近年建成的淤地坝中，也有大量淤地坝的淤积比大于 60%，许多甚至达到 100%。更有甚者，在降水偏枯背景下，一些 2008 年新建坝的当年淤积比就达到 80% 以上，甚至 100%。前文说到，此类坝极可能实为老坝，所记录的建坝时间实际是加固改造的时间。

（4）很多淤地坝的淤积比达到 100%，即完全淤满。其中，榆林市此类骨干坝 428 座，占 21.1%，中型坝 3 194 座，占 45.2%；延安市此类骨干坝 22 座，占 4.9%，中型坝 164 座，占 12.8%。最突出的是佳县，基于该县 2008 年数据，89.5% 的中型坝的淤积比达到 100%。显然，此类淤地坝已经失去继续拦沙的能力。

3.2 无定河"7·26"大暴雨区淤地坝调查

3.2.1 流域及其淤地坝概况

无定河发源于陕西省白于山北麓,流经榆林、鄂尔多斯和延安三市,于榆林市清涧县的河口村汇入黄河。干流全长 491.2 km,流域面积为 30 261 km²。流域西北部为毛乌素沙地,面积 16 446 km²,占总流域面积的 54.3%;无定河及其支流大理河的河源区属黄土丘陵第五副区(俗称河源梁涧区),面积 3 454 km²,占流域面积的 11.4%;位于流域东南部的无定河中下游为黄土丘陵沟壑区第一副区,面积 10 360 km²,占总流域面积的 34.3%,天然时期侵蚀模数 15 000~20 000 t/(km²·a),是无定河洪水泥沙的主要来源区,见图 3-10。1956~1969 年,无定河白家川站实测输沙量 2.17 亿 t/a。

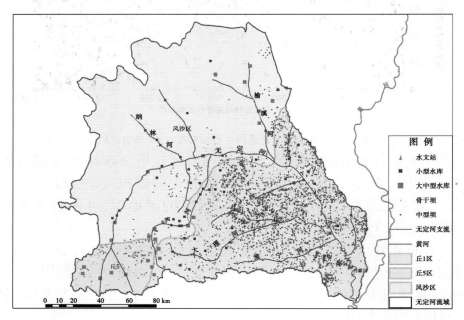

图 3-10　无定河流域地貌

无定河流域水库众多。至 2016 年,该流域共有大中型水库 26 座、小型水库 69 座。不过,这些水库主要分布在赵石窑以上和榆溪河等上游风沙区或盖沙丘陵区。在无定河中下游黄土丘陵区,仅有 23 座小型水库,其库容与大中型淤地坝相当。

无定河流域更是一条开展水土保持最早、水土保持措施最多的支流,一直是黄土高原水土流失的重点治理地区。至 2016 年,无定河流域共有淤地坝

10 261 座,其中骨干坝 997 座、中型坝 2 296 座、小型坝 6 968 座,占黄土高原总量的 18.7%,骨干坝、中型坝和小型坝的比例为 1:2.3:7;形成坝地约 241 km²,占黄土高原总量的 24.9%;共建成梯田 790 km²。遥感调查表明,20 世纪 70 年代末,该流域中下游黄土丘陵区林草地的植被盖度为 25.1%、流域的林草有效覆盖率为 10.6%,2018 年该区林草地的植被盖度和林草有效覆盖率分别达到 63% 和 38.1%。

淤地坝数量多、建成时间早是无定河淤地坝的重要特点。1989 年,流域内有淤地坝 9 396 座,占陕北总数量的 42.3%,但 20 世纪 90 年代暴雨洪水使淤地坝水毁严重。1994 年 7~8 月,无定河流域的绥德、子洲、横山和靖边一带遭受了 4 次暴雨袭击,其中一次的暴雨中心雨量为 178 mm,所造成的淤地坝水毁数量超过 1977 年,达历史之最。据陕西省水土保持局(1995)调查,1994 年榆林市损毁淤地坝 6 187 座,其中坝体全毁者 1 475 座。这次暴雨洪水之后的 20 多年中,无定河淤地坝数量变化很小:1996 年共有淤地坝 11 710 座(张经济等,2000),2016 年共有淤地坝 10 261 座(不含单坝库容小于 1 万 m³ 以下的微型坝)。1990 年以来,虽统计新建淤地坝 1 392 座,其中大中型坝 700 座,但约 1/4 属旧坝加固。

由于建坝时间早(参见图 2-11),无定河流域淤地坝的库容淤损严重。表 3-2 是无定河淤地坝在 1989 年时的淤积程度,骨干坝、中型坝、小型坝的淤积比分别为 68.7%、77.8%、90.9%。基于 2011 年水利普查数据,无定河流域骨干坝淤积比为 100% 者 176 座,占比 15.1%,而 1989 年淤地坝普查时此类淤地坝的比例为 9.5%。

表 3-2　截至 1989 年无定河流域的淤地坝概况　　　　　　　　　(单位:万 m³)

总库容			已淤库容		
骨干坝	中型坝	小型坝	骨干坝	中型坝	小型坝
138 806	54 652	26 069	95 433	42 546	23 699

3.2.2　降雨概况

受高空槽底部冷空气与副热带高压外围暖湿气流共同影响,2017 年 7 月 25~26 日,黄河中游山陕区间中北部大部分地区降大到暴雨,黄河支流无定河普降暴雨到大暴雨。暴雨过程为 7 月 25 日 16 时至 26 日 8 时,主雨时段为 25 日 22 时至 26 日 6 时。

据黄河水利科学研究院和黄委水文水资源研究院调查,本次暴雨笼罩了无定河、清凉寺沟、湫水河、三川河等区域,暴雨中心位于绥德赵家砭,最大 24 h 雨量为 252.3 mm。其中,无定河流域降水量大于 100 mm 的有 34 个雨量站,大于 200 mm 的有 10 个雨量站(见表 3-3)。

表 3-3　单站降水量大于 200 mm 的雨量站

序号	所属河流	雨量站	累积雨量 （mm）	序号	所属河流	雨量站	累积雨量 （mm）
1	无定河	赵家砭	252.3	6	岔巴沟	新窑台	214.2
2	无定河	四十里铺	247.3	7	无定河	米脂	214.2
3	大理河	子洲	218.7	8	岔巴沟	曹坪	212.2
4	小理河	李家坬	218.4	9	岔巴沟	朱家阳湾	201.2
5	小理河	李家河	214.8	10	岔巴沟	姬家硷	200.6

　　无定河的一级支流大理河流域几乎全境笼罩在暴雨区,50 mm 以上降水量笼罩面积占大理河流域面积的 97%,100 mm 以上降水量笼罩面积占大理河流域面积的 66%,见图 3-11 和表 3-4。在无定河中下游黄土丘陵区,本次降水的暴雨笼罩面积达 9 800 km^2。

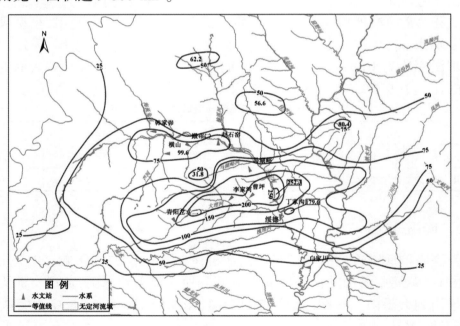

图 3-11　无定河"7·26"降水量等值线

表 3-4   无定河流域 7 月 25 日 8 时至 26 日 8 时不同区域面平均雨量

区域	不同量级雨量（mm）笼罩面积（km²）								面积（km²）	面平均雨量（mm）
	20~25	25~50	50~75	75~100	100~150	150~200	200~250	250~252.3		
曹坪以上					5.6	158.1	23.3		187	177.8
李家河以上		35.0	94.9	289.4	141.6	113.1	133.1		807	121.4
青阳岔以上		83.2	319.9	226.5	624.0	6.3			1 260	97.2
绥德以上		118.2	414.8	606.5	1 549	715.2	489.2		3 893	129.8
白家川以上	3 987	11 988	6 256	2 858	2 515	1 193	824.1	41.2	29 662	64.0

本次特大暴雨不仅降水量大、覆盖范围广,而且雨强高。图 3-12 是典型雨量站的累计水量过程;图 3-13 是特大暴雨区李家圪站时段降水情况,其雨强最大的两个时段分别为 25 日 23 时(66.6 mm/h)和 26 日 2 时(63.4 mm/h),还有 3 个时段雨强超过 45 mm/h。

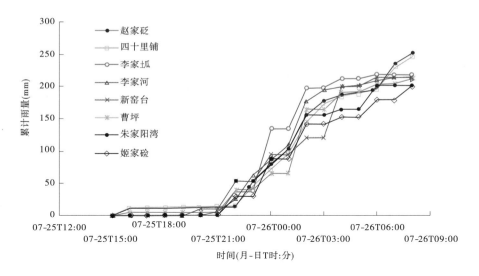

图 3-12   典型雨量站累计降水量

分析表明,本次降水重现期约 70 年。

受暴雨影响,无定河白家川水文站洪峰流量 4 490 m³/s,为 1967 年以来白家川站实测最大洪峰;最大含沙量为 873 kg/m³,为 2003 年以来实测最大值;洪水期洪量 16 662 万 m³。2017 年,无定河白家川站输沙量为 8 490 万 t,其中本次暴雨洪水期间的输沙量为 7 756 万 t,占全年输沙量的 91.3%。

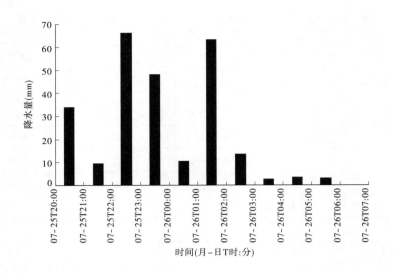

图 3-13　李家圪站时段降水量(卢寿德,2018)

3.2.3　坝库淤积调查方法

在 2017 年"7·26"大暴雨后的 2017 年 10 月至 2018 年 4 月,为摸清淤地坝在本次暴雨洪水期间的拦沙作用,黄河水利科学研究院联合绥德水土保持试验站,选择位于大暴雨区的岔巴沟、小理河、大理河青阳岔以上、大理河砖庙沟小流域、无定河张王圪崂流域、无定河裴家峁流域和无定河马湖峪流域等 7 条流域(见表 3-5),对其所有淤地坝的淤积情况进行了实测和调查。

表 3-5　抽样调查的典型流域概况

流域名称	小理河	岔巴沟	青阳岔以上	砖庙沟	马湖峪	张王圪崂	裴家峁
流域面积(km²)	807	187	1 260	144	371	67	40
面平均雨量(mm)	121.4	177.8	97.2	137	113.6	216	156.7
林草梯田有效覆盖率(%)	38.0	40.5	53.0	39.6	39.6	38.5	47.9

调查首先根据高清遥感影像,确定淤地坝位置。然后,逐沟、逐坝进行实地勘测,详细勘测和记录了每座淤地坝的保存情况,量测坝长和坝高等形态数据,记载放水建筑物(排洪渠、竖井、卧管)的形式和完好程度。对本次淤积体进行了开挖实测,对因有积水、稀泥无法测量的坝库进行了详细记载,对全拦全蓄的闷葫芦坝地进行了特别标注。

对发生淤积的坝地,根据坝地地形变化和淤积发生区块,采用测距仪、GPS 和全站仪等逐块测量淤积面积,采用挖剖面法测量淤积厚度,在每个淤地坝坝库中布设多个测量断面,每个断面人工开挖 2~3 个剖面;对在本次暴雨中发生毁坏的淤地坝进行了冲毁体积测量。在工作中对每座坝坝体、放水建筑物、淤积和水毁情况进行了野外照片采集,逐坝建立了实地调查表和影像档案。

图 3-14 是抽样流域实地调查的淤地坝分布。本次共逐坝调查了 2 019 座淤地坝,并对其中发生明显淤积且有测量条件的 526 座淤地坝的淤积体进行了逐坝测量。对照图 3-11 和图 3-14 可见,我们抽查的 7 条流域几乎全部分布在 100 mm 降雨等值线以内,也是无定河中下游黄土丘陵区的淤地坝集中分布区。

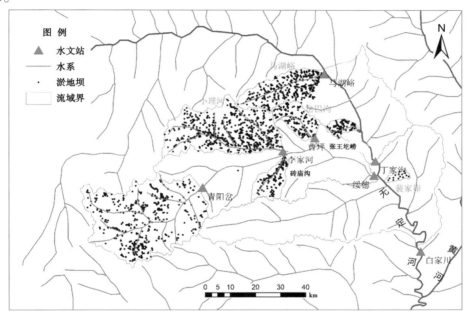

图 3-14　实地调查小流域的淤地坝分布

图 3-15 是 7 条小流域的现状淤地坝密度及其与无定河中下游地区的平均密度对比。与图 2-5 一样,为便于比较,我们把各流域的骨干坝和小型坝全部折算成了中型坝。由图 3-15 可见,张王圪崂流域是淤地坝最多的流域,其密度仅次于黄土高原淤地坝建设的标杆——无定河韭园沟小流域;大理河青阳岔以上是 7 条流域中淤地坝最少的地区,但其密度仍与佳芦河和清涧河相当;其他 5 条流域的坝密度大体反映了无定河中下游黄土丘陵区的平均水平。

3.2.4　调查与测验结果

表 3-6 是本次被调查的 7 个小流域淤地坝及其淤积情况。调查过程中发现,有的淤地坝在本次暴雨之前就已经冲毁或淤满,故没有实测其淤积量,在表 3-6 中记为“淤积极少者”;还有的淤地坝因积水或泥泞严重,难以测量,但仍计入“有明显淤积者”。关于淤地坝类型的区分,实际是现场调查人员目视

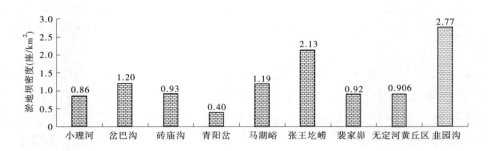

图 3-15 抽样流域的淤地坝密度

确定,未进行总库容测量,故与统计数字可能有偏差。

表 3-6 无定河"7·26"暴雨区实际调查的小流域淤地坝及其淤积情况

流域名称	淤地坝类型	淤地坝总座数(座)	淤积极少者(座)	有明显淤积者(座)	有淤积且测量者(座)	实测淤积量(m^3)
小理河李家河以上	骨干坝	83	35	48	31	1 790 359.5
	中型坝	206	93	113	92	1 281 606.4
	小型坝	357	258	99	85	349 575.5
	合计	646	386	260	208	3 421 541.4
岔巴沟曹坪以上	骨干坝	30	8	22	15	498 484.9
	中型坝	59	39	20	15	184 167.4
	小型坝	81*	71	9	7	63 989.7
	合计	170	118	51	37	746 642.0
大理河砖庙沟小流域	骨干坝	14	8	6	5	185 220.0
	中型坝	48	37	11	10	99 712.0
	小型坝	78	67	11	7	50 879.0
	合计	140	112	28	22	335 811.0
大理河青阳岔以上	骨干坝	56	25	31	14	683 016.0
	中型坝	174	94	80	38	887 970.3
	小型坝	237	143	94	60	517 732.9
	合计	467	262	205	112	2 088 719.2
无定河马湖峪以上	骨干坝	52	35	17	11	316 419.1
	中型坝	140	98	42	32	159 987.8
	小型坝	210	164	46	30	132 154.4
	合计	402	297	105	73	608 561.3

流域名称	淤地坝类型	淤地坝总座数(座)	淤积极少者(座)	有明显淤积者(座)	有淤积且测量者(座)	实测淤积量(m³)
无定河张王圪崂小流域	骨干坝	20	3	17	14	796 036.2
	中型坝	26	7	19	18	225 637.1
	小型坝	85	56	29	28	88 532.6
	合计	131	66	65	60	1 110 205.9
无定河裴家峁小流域	骨干坝	2	1	1	1	22 107.9
	中型坝	18	14	4	4	15 661.0
	小型坝	43	32	9	9	21 833.2
	合计	63	47	14	14	59 602.1
7 流域合计	骨干坝	257	115	142	91	4 291 644
	中型坝	671	382	289	209	2 854 742
	小型坝	1 091	791	297	226	1 224 697
	合计	2 019	1 288	728	526	8 371 083

注:* 岔巴沟流域共有小型淤地坝 81 座,但因很多小型坝早已完全淤平,甚至看不出坝体,故在现场只调查到 41 座。

由表 3-6 可见:

(1)在 7 个流域 2 019 座淤地坝中,骨干坝、中型坝、小型坝的比例为 1:2.61:4.25,大中型坝的比例可大体反映无定河流域淤地坝的实际组合情况(1:2.3)。由于很多小型坝早已淤平,难以分辨坝体,故小型坝的占比较无定河平均情况(骨干坝:小型坝为1:7)偏低,不过这个问题基本不影响流域的拦沙量结果。

(2)有明显淤积者只有 728 座(含有水未测者),占 36%,其中有明显淤积的骨干坝 142 座、中型坝 289 座、小型坝 297 座,分别占相应总量的 55.3%、43.1%、27.2%,这说明无定河很多淤地坝已经失去拦沙功能或拦沙能力微弱。

2018 年初,子洲县水利局也对岔巴沟进行了逐坝调查和测量,调查范围为岔巴沟流域的子洲县境内,面积 165.4 km²(含岔巴沟曹坪水文站以下的两条支沟,流域面积 18 km²),涉及骨干坝 32 座、中型坝 56 座、小型坝 81 座,不仅测量了"有明显淤积者",也粗略测量了"淤积极少者",结果发现,有 19 座淤地坝确无淤积。遗憾的是,本次现场调查未对"淤积极少者"进行淤积量测量。

本次实际测量的 526 座淤地坝的总淤积量为 837.1 万 m³,按容重

1.35 t/m³,折合拦沙量 1 130 万 t。但该数字并不等于所在流域全部淤地坝的拦沙量,原因有两点:①在目视有明显淤积的 728 座淤地坝中,有 202 座因有水或过于泥泞而未能施测;②在目视无明显淤积的 1 288 座淤地坝中,实际上其坝尾存在少量淤积物。

对于"有水未测"的淤地坝,其淤积量可以取本流域同类型淤地坝的平均拦沙量。该方法虽欠准确,但因时过境迁,现在也没有更好的弥补方法。

对于因目视"淤积极少"而未测量者,事后我们曾三次赴现场调研,查勘了 18 座该类型淤地坝,结果表明:绝大部分此类淤地坝实际存在淤积现象,其淤积物一般位于库尾或坝地周边,淤积厚度一般在 1~3 cm,山坡跟前甚至达10 cm。但及至坝地中部和坝前时,淤积物极少(尤其是有泄水建筑物者),即淤积体大致呈楔状。对照所在流域的其他发生明显淤积的淤地坝,此类淤地坝的平均淤积厚度大体是其 10%~15%。

为定量摸清"淤积极少"者的实际淤积情况,考虑到陕北的小型坝绝大多数是只有坝体的"闷葫芦坝",且位于沟道小流域的上游(受其他坝的影响小),以下利用韭园沟和岔巴沟小型坝在本次暴雨的实测淤积数据,对比"有明显淤积者"和"淤积极少者"的淤积厚度:

(1)韭园沟流域。该流域现有小型淤地坝 148 座,本次实测淤积厚度平均 11.5 cm。其中,"有明显淤积者"18 座坝,平均淤积厚度 39.2 cm、最大72.7 cm;其他 98 座坝平均淤积厚度为 7.56 cm,视为"淤积极少者"。在淤积极少的 98 座小型坝中,汛前已基本淤满者共 89 座,本次暴雨期间平均淤积厚度 5.4 cm(其中 23 座无淤积),该淤积厚度是"有明显淤积者"淤积厚度的 14%。

(2)岔巴沟流域。分析子洲县水利局的测验数据表明,在境内 81 座小型坝中,有 6 座为"有明显淤积者",平均淤积厚度 67.6 cm,12 座没有淤积,其他63 座的淤积厚度均为 10 cm,即 75 座无淤积和淤积极少者的平均淤积厚度8.4 cm。考虑到其 63 座坝的淤积深度并非实测结果,需分析其合理性:韭园沟和岔巴沟的林草梯田有效覆盖率分别为 47%、40.5%,本次降水量分别为160.5 mm 和 177.8 mm,即岔巴沟林草梯田有效覆盖率偏小、降水量更大。如果韭园沟 98 座"淤积极少者"的淤积厚度是 7.56 cm,则岔巴沟"75 座小型坝平均淤积厚度 8.4 cm"大体合理。由此可见,淤积极少者(含无淤积者)平均淤积厚度为"有明显淤积者"的 12.4%。

(3)岔巴沟、砖庙沟和张王圪崂等 3 个小流域面积很小,故降水的空间分布较均衡。扣除 13 座有水未测者,3 个流域分别有大中型淤地坝 78 座、62座、44 座,合计 184 座。图 3-16 是每座大中型坝的实测淤积量,由图 3-16 可见,绝大部分淤地坝的淤积物很少,88%的淤积物实际集中在39座(20%)坝库内。实地查勘了解到,这些轻度淤积者均为"淤积面高于泄洪设施的底板高程,但淤积比未达临界淤积比"的老坝;若非发生"7·26"这样的大漫滩洪水,估计此类淤地坝很难发生淤积。

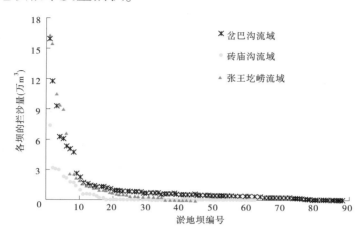

图 3-16 无定河"7·26"暴雨区典型小流域大中型坝的淤积物分布

综上分析,并考虑到很多大中型坝有泄洪设施,其"淤积极少者"的实际淤积体多呈楔状,故以下计算"淤积极少者"的拦沙量时,单坝淤积量均取"有明显淤积者"的 12.5%。

表 3-7 是 7 条流域全部淤地坝在"7·26"暴雨期间的拦沙量计算结果。子洲水利局调查表明,子洲县境内的岔巴沟流域共计拦沙 113.58 万 t;加上流域上游米脂县境内(18 km²)淤地坝拦沙量,则与本次实测的结果相近。

表 3-7　无定河 7 条小流域在"7·26"大暴雨期间的拦沙量　　　　(单位:万 t)

项目	小理河	岔巴沟	砖庙沟	青阳岔	马湖峪	张王圪崂	裴家峁	合计
骨干坝拦沙	263.7	70.4	29.2	101.5	53.7	109.8	3.36	638.0
中型坝拦沙	190.8	30.9	19.1	137.5	27.9	31.9	3.04	449.1
小型坝拦沙	62.6	17.2	12.1	83.2	25.8	14.8	4.26	220.6
合计拦沙	517.1	118.4	60.4	322.2	107.4	156.5	10.65	1 307.7
水毁排沙	90.2	20.8	0	69.7	0.86	0.96	0	185.8

由表 3-7 可见:

(1)7 条流域 2 019 座淤地坝共计拦沙 1 307.7 万 t,其中约 88%沙量拦截在 36%的淤地坝中(728 座),另 64%的淤地坝淤积极少,甚或零淤积。

(2)在 1 307.7 万 t 总拦沙量中,骨干坝、中型坝、小型坝分别占 48.5%、34.4%、17.1%,说明大中型淤地坝是拦沙的主力军。不过,由于"淤积极少者"均按正常坝淤积量的 12.5% 计算,故表 3-7 中的小型坝淤积量可能偏大,即小型坝淤积量占比应小于 17.1%。我们对有明显淤积的 728 座淤地坝进行统计,结果表明,骨干坝、中型坝、小型坝的拦沙量占比分别为 59.1%、39.3%、1.7%,即大中型坝的拦沙贡献更大。

暴雨期间有不少坝发生水毁,使以往淤积的泥沙随洪水流出。实测表明(见表 3-7),此类坝共计排沙 185.8 万 t,占 2 019 座淤地坝总拦沙量的 14.2%。骨干坝、中型坝、小型坝的排沙量分别占总排沙量的 38.0%、49.8%、12.2%,说明大中型坝不仅是拦沙主力,也是水毁排沙的主力。

总体上,本次抽查的 7 条流域几乎全部位于 100 mm 降雨等值线内,其淤地坝密度和大中小型配比组成与无定河中下游平均水平相当,数量占无定河流域的 20%,且采取了逐坝调查的方式。因此,其结论对认识现状淤地坝的淤积程度和拦沙作用具有十分重要的意义。

以上分析了岔巴沟等 7 个典型流域淤地坝拦沙量,在此基础上,考虑把口水文站的实测输沙量,可测算出各流域的实际产沙强度。此外,利用有明显淤积的淤地坝拦沙量和坝控流域面积,也可以推算出流域的产沙强度。两种方法的计算结果见表 3-8。由表 3-8 可见,7 个小流域中产沙强度最小的是马湖峪流域,约 5 000 t/km²,相应降水量为 113.6 mm;最大产沙强度 13 714 t/km²,相应降水量为 216 mm,来自位于本次大暴雨的中心区张王圪崂流域。

表 3-8　抽样小流域的产沙强度计算结果

流域名称	流域面积(km²)	次降水量(mm)	实测输沙量(万 t)	淤地坝拦沙(万 t)	淤地坝排沙(万 t)	产沙强度(t/km²)		说明
						方法 1	方法 2	
小理河	807	121.4	361	517.1	90.2	9 763	11 745	
岔巴沟	187	177.8	88	118.4	20.8	9 925	9 651	
青阳岔	1 260	97.2	1 291	322.2	69.7	12 250	7 018	
砖庙沟	144	137		60.4	0		11 750	
马湖峪	371	113.6	62.4	107.4	0.86	4 554	5 095	
张王圪崂	67	216		156.5	0.96		13 714	
裴家峁	40	156.7	29.85	10.65	0	8 125	8 484	暴雨前,施工弃渣入河约 8 万 t

本次调查可见,与 20 世纪中后期的典型暴雨年相比,2017 年无定河"7·26"大暴雨期间的流域侵蚀产沙强度大幅度偏低。1966 年 6 月 27 日、7 月 17 日、8 月 15 日,岔巴沟流域曾三次遭遇暴雨袭击,流域面平均雨量分别为

37.8 mm、84.5 mm 和 45.3 mm，三次暴雨期间的流域产沙强度(未还原坝库拦沙量)分别为 9 290 t/ km²、28 000 t/km²、22 000 t/km²；还原淤地坝拦沙量后，1966 年岔巴沟流域的年产沙强度为 76 730 t/km²。1994 年 8 月 4 日，裴家峁流域发生大暴雨，面平均降水量 147 mm，最大 1 h 降水量 52.8 mm，水文坝控断面输沙量 179.45 万 t；裴家峁流域把口水文站控制面积 39.5 km²，坝控区淤地坝有效控制面积 3.2 km²，由此可推算出当年淤地坝未控区的流域产沙强度，为 49 164 t/km²。

事实上，无定河"7·26"暴雨期间的侵蚀产沙模数，甚至远低于该区 1960~1989 年的长系列产沙模数[18 000 t/(km²·a)]。

不过，若从单个淤地坝的拦沙量及坝控区域产沙强度看，在实测淤积的 526 座淤地坝中，仍有极个别坝的坝控区产沙强度高达 40 000 ~ 100 000 t/km²。现场查勘表明，这种坝的坝控区多是坡耕地面积占比较大的地区。幸好，此类淤地坝的数量不足全部实测淤地坝的 2%。

3.3 陕北淤地坝拦沙功能失效的判断标准

当淤地坝的淤积比(淤积体占总库容的比例)达到 100%，其拦沙作用显然与无埂梯田相似，拦沙作用极小，故可视为"无效坝"。2008 年的淤地坝普查数据表明，至少有 3 807 座淤积比为 100% 的陕北大中型淤地坝肯定已失去继续拦沙的能力，其中榆林此类骨干坝 428 座，占其总量的 21.1%；中型坝 3 194 座，占其总量的 45.2%。2017 年无定河"7·27"暴雨区的实测数据也证明，目前有 64% 的淤地坝处于低效拦沙或完全失效状态。

不过，从无定河"7·26"暴雨区的实际调查结果看，由于"翘尾巴淤积"和洪水漫滩现象的客观存在，那些淤积比小于 100%，且已淤积库容≥设计淤积库容者，不少仍有一定拦沙潜力，本次暴雨期的拦沙量约为正常坝的 12.5%。由于坝控区侵蚀强度、淤地坝结构及其运行条件的差异，不少超过该寿命的淤地坝仍在正常运用。可见，将"淤积比=100%"作为淤地坝无拦沙能力的标准虽有些保守(该标准主要适用于没有泄洪设施的闷葫芦坝)，但"已淤积库容=设计淤积库容"的标准也不符合实际。

本节将以老坝集聚的榆林市和延安市北部 7 县为重点，利用淤地坝在不同时期实测的淤积信息，分析其淤积特点或规律，寻求更符合实际的无效坝识别方法。

3.3.1 大中型坝

深入分析 3.1 节图 3-3、图 3-5、图 3-7 和图 3-9 发现，凡图中蓝线左侧的老坝,无论建成时间早晚(1950~1979 年),其现状淤积比的图谱特征几乎相同。如果该现象成立,则意味着图中蓝线左侧淤地坝的淤积状态已基本进入稳定状态:或者已经淤满,或者不可能淤满,仍可继续拦沙者很可能是极少数。

为了更清晰地认识榆林市淤地坝的淤积发展特点,仍利用图 3-2~图 3-5 数据,以及 2008 年淤地坝安全大检查数据和 2011 年水利普查的数据,分别计算了每年建成坝的总淤积量占当年所建淤地坝总库容的比例(简称平均淤积比),绘制了平均淤积比的散点图,淤积截止时间分别为 1989 年、2008 年和 2011 年,结果见图 3-17 和图 3-18。

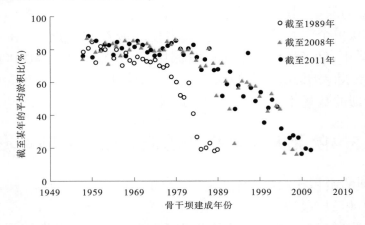

图 3-17　逐年建成的榆林骨干坝截至 1989 年或 2008 年或 2011 年的平均淤积比

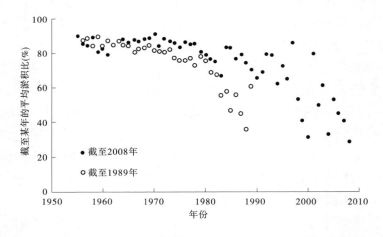

图 3-18　逐年建成的榆林中型坝截至 1989 年或 2008 年的平均淤积比

由图可见:

(1)对于 1964 年以前建成的骨干坝和 1970 年以前建成的中型坝,在 1989 年、2008 年和 2011 年等三个时间点实测的淤积比相差很小。不过,由于该时期建成的骨干坝不多,且有些早已严重水毁(现状淤积比仅 0~33%),因此有些年份的淤积比偏低,且点据略显散乱。

(2)三套实测数据的平均淤积比都存在明显的拐点。

对于骨干坝,1989年观测的骨干坝淤积比拐点大约出现在1965年前后,而2008年和2011年测验的淤积比大体出现在1984年,在该时间拐点之前,每年的平均淤积比基本稳定在80%~85%,平均为81%。

对于中型坝,1989年数据和2008年数据的时间拐点大体在1969年和1978年,在该时间拐点之前,每年的平均淤积比基本稳定在86%~91%,平均为88%。由于2008年数据中约半数中型坝实际为小型坝"提拔"而来,故拐点前的平均淤积比略偏大。

由此判断,"骨干坝淤积比81%"和"中型坝淤积比88%"很可能是榆林大中型坝的临界淤积比,达到该标准的淤地坝将难以继续拦沙。

(3)拐点出现的年份均在1989年以前,说明1990年以来修建的淤地坝目前大多仍可正常拦沙。

延安市淤地坝的发展过程与榆林相似,但其大中型坝数量只有榆林的31%。采用与榆林图3-17和图3-18同样的思路,绘制了延安骨干坝和中型坝的年平均淤积比散点图,结果见图3-19和图3-20。

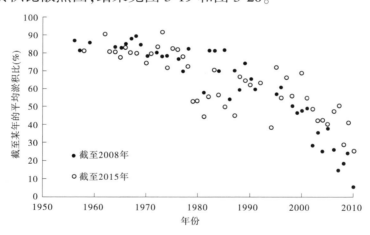

图3-19　逐年建成的延安骨干坝截至2008年或2015年的平均淤积比

由图可见:

(1)骨干坝淤积比出现拐点的时间大体在1978年前后,拐点前平均淤积比为79%~81%。

(2)中型坝淤积比出现拐点的时间大体在1979~1983年,拐点1979年以前的平均淤积比基本相同,约84%。

前文提到,无论是榆林市,还是延安市,在其标识为近年"新建"的大中型坝中,实际上不少属于旧坝加固。不过,该现象主要出现在2000年以后,而确

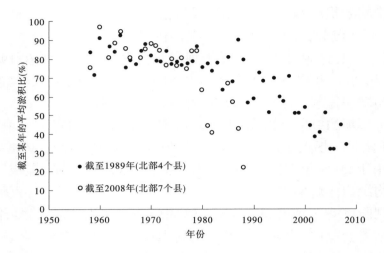

图 3-20 逐年建成的延安中型坝截至 1989 年或 2008 年的平均淤积比

定临界淤积比的样本坝主要为 1990 年以前建成的淤地坝,因此不影响临界淤
积比的量值。

基于以上分析,我们看到一个共同现象:无论是骨干坝,还是中型坝,各年
建成淤地坝的平均淤积比散点图都存在一个明显的拐点,在拐点之前,各年所
建淤地坝的平均淤积比几乎相同,榆林市和延安市的拐点前的平均淤积比稍
有区别。由此带来一个值得思考问题:拐点前的平均淤积比是不是淤地坝失
去拦沙功能的临界淤积比?

我们认为,原则上,临界淤积比量值主要与坝体结构密切相关。

从建筑物组成角度,陕北淤地坝分以下三类:

(1)三大件淤地坝。此类淤地坝不仅有土坝坝体、泄水涵洞,还有溢洪
道,因此防洪标准更高,但工程造价和运行维护费用也更高。按照我国现行的
淤地坝设计规范,此类坝的设计拦沙库容一般为总库容的 60%。不过,在
1989 年以前,该比值实际上更大。

(2)二大件淤地坝。现状两大件淤地坝中,绝大多数为土坝中埋设了泄
水涵洞(俗称卧管),但无溢洪道,故投资低于三大件淤地坝。此类淤地坝在
暴雨洪水期间也可以释放一部分洪水,以降低坝体水毁风险。

(3)一大件淤地坝,即只有土坝坝体的淤地坝,俗称"闷葫芦坝"。在淤积
面未与坝顶齐平之前,上游来沙将被完全拦在库内。显然,对于坝体没有损毁
的闷葫芦坝,淤积比理论上须达 100% 后才失去拦沙能力;因"翘尾巴淤积"现
象存在,有的淤积比甚至略大于 100%。不过,由于水毁、坝地利用等因素,现
实中很多坝的淤积比难以达到 100%:据 667 座榆林"一大件"中型坝在 1989
年调查结果,其"已淤积库容+剩余库容"与"总库容"的比例为 88.7%,甚至不

少微型坝的淤积比也不足 100%。

考虑到"三大件"淤地坝的规范性建设大体始于 20 世纪 80 年代中后期、陕北淤地坝的淤积比拐点年均出现在 80 年代中期以前、1980~1989 年建成的淤地坝极少等因素,以下基于 1989 年淤地坝普查数据,对 1989 年以前建成大中型淤地坝的建筑物实际组成进行分析。

据《陕北地区淤地坝普查技术总结报告》(1993 年),在陕北 31 814 座库容大于 0.5 万 m^3 的淤地坝中,三大件淤地坝只有 496 座,占 1.56%。其中,榆林 335 座,占 1.63%;82.5% 的淤地坝是只有土坝坝体的"闷葫芦坝",其中榆林占 80%、延安占 86.9%。二大件淤地坝占 15.9%,其中榆林占 18.3%。不过,该报告没有分别提供大型坝、中型坝和小型坝的建筑物组成信息。

在我们采集到的 1989 年普查文档中,绥德、横山、佳县、吴堡和靖边等 5 个县(区)有大中型坝的建筑物组成信息,包括库容 ≥50 万 m^3 的骨干坝(大型坝)471 座、库容 10 万~49.9 万 m^3 的中型坝 1 203 座。此 5 县主要涉及佳芦河—乌龙河—无定河一带的黄土丘陵第一副区,1989 年 5 县大中型坝约占该区大中型坝数量的一半。表 3-9 是 5 县大中型坝建筑物组成情况,由表 3-9 可见:该区 1 674 座大中型淤地坝中,三大件俱全者占 8.4%;"闷葫芦坝"比例 47%,其中中型坝达到 53.9%、骨干坝 29.3%。同时,还采集了该 5 县 1 674 座大中型坝的总库容、已淤库容和剩余库容信息,假定"设计淤积库容"是"已淤库容"与"剩余可淤积库容"之和,则可以得到设计淤积库容与总库容的比值,结果见表 3-10。

表 3-9　榆林 5 县大中型坝的建筑物组成情况

坝型	不同建筑物组成类型的淤地坝数量(座)				不同建筑物组成类型的淤地坝占比(%)		
	一大件	二大件	三大件	合计	一大件	二大件	三大件
骨干坝	138	246	87	471	29.3	52.2	18.5
中型坝	649	500	54	1 203	53.9	41.6	4.5
大中型坝合计	787	746	141	1 674	47.0	44.6	8.4

表 3-10　榆林 5 县大中型坝设计淤积库容占总库容的比例

坝型	淤地坝总量(座)	设计淤积库容占总库容的比例(%)		
		一大件	二大件	三大件
骨干坝	474	76.7	76.7	82.8
中型坝	1 242	88.7	84.5	80.6

假定"已淤库容 = 设计淤积库容"是淤积发展的终点,则联解表 3-9 和表 3-10,可推算出骨干坝和中型坝在淤积发展结束时的淤积比,分别为 77.8%

和86.6%。该值略小于图3-17和图3-18拐点前的大中型坝平均淤积比(81%和88%),其原因在于大部分淤地坝存在"翘尾巴淤积"的现象。由此可见,将81%和88%分别作为榆林市中南部大中型坝拦沙功能失效的临界淤积比是基本合理的。

榆林大中型坝临界淤积比为81%和88%的推算结论,也与2017年无定河"7·26"暴雨区7条流域的逐坝调查结果基本吻合。基于2008年和2011年的淤地坝普查数据,采用"骨干坝淤积比≥81%"和"中型坝淤积比≥88%"的标准,我们对该区所有骨干坝和中型坝进行了识别,认为目前已无拦沙能力的骨干坝和中型坝比例分别为46.8%和55.0%,与无定河"7·26"暴雨区的实测结果大体一致,见表3-11。

表3-11 无定河中下游的理论推算结果与"7·26"实测结果对比

坝型	"7·26"暴雨后的实地调查结果			按临界淤积比推算的无效淤地坝占比(%)
	总量(座)	无明显淤积者(座)	无明显淤积者占比(%)	
骨干坝	257	115	44.7	46.8
中型坝	671	382	56.9	55.0

在分析榆林市每个县(区)淤地坝数据的过程中,我们还注意到两个特殊现象:

(1)在2008数据中,府谷276座中型坝和153座骨干坝的淤积比竟然均为85%;在2011年水利普查数据中,府谷121座骨干坝的淤积比全部为65%。走访得知,因这样的淤地坝实际已经失去继续拦沙的能力,故被统一标记。

(2)分析1972年前建成坝的库容组成发现,其淤积库容呈现两个极端:约一半淤积库容只有总库容的10%~40%,另一半的拦沙库容高达总库容93%以上。调查了解到,前者多为严重水毁坝,早已失去拦沙能力。

延安市约79%的大中型坝集中在与无定河紧邻的清涧河和延河,其他分布在北洛河上游。该区多属黄土丘陵第二副区,多数地区沟壑更深、更陡,故淤地坝密度远低于无定河中下游地区,其中延河和北洛河上游的坝密度更低,见图2-5。

采用类似的方法,即假定"已淤库容=设计淤积库容"是淤积发展的终点,分析了延河流域(安塞境内)骨干坝和中型坝在淤积发展结束时的淤积比,分别为77.5%和82.4%。对比可见,其中型坝淤积比略小于榆林(86.6%)。

遗憾的是,限于基础数据短缺,未能对两市其他县(区)进行分析。

综上分析,对于陕北大中型坝拦沙功能失效的判断标准,得到以下认识:

（1）对于榆林市的骨干坝和中型坝，临界淤积比分别为81%和88%。其中，府谷县中型淤地坝的临界淤积比为85%；采用2011年数据时，府谷骨干坝的临界淤积比为65%。

（2）对于延安市的骨干坝和中型坝，临界淤积比暂按81%和84%，未来需要利用更多实测数据进行验证。

（3）对于1979年以前建成的老坝，淤积库容不足总库容的40%，且现状淤积比低于40%者，可判定为"无效坝"。

对于不符合以上三个条件的大中型坝，大体认为仍有继续拦沙的能力。

按照以上标准，对2008年和2011年以前建成的骨干坝进行检测，榆林市失去拦沙能力者占54.7%，延安占33.7%。对2008年以前建成的中型坝检测，榆林市和延安市失去拦沙能力者分别占60%和46.2%。

需要指出，由于临界淤积比与淤地坝建筑物组成及其结构密切相关、1990年以后新建淤地坝设计越来越规范、目前失去拦沙能力的主要是1989年以前建成者等原因，以上临界淤积比标准若用于分辨1990年以后的新建坝时，可能会将一些失效坝辨识为有效坝。未来，待1990年以后新建淤地坝逐渐"变老"时，还需要研究提出新的判断标准。

3.3.2 小型坝

陕北的小型淤地坝92%建成于1989年以前，该时期建成的小型坝几乎均为闷葫芦坝。但是，由于坝体破损，在淤积发展结束时，不少淤地坝的淤积比难以达到100%。

利用1989年的陕北淤地坝普查数据，分析了榆林和延安两市小型坝截至1989年的淤积比，结果见图3-21，图中采用的小型坝样本共计11 519座（注：缺米脂、子洲、宝塔和吴起的详细数据），其中1979年以前建成者有10 863座，占94.3%。

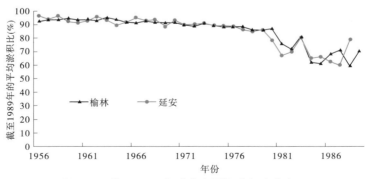

图3-21　截至1989年陕北小型坝淤积比分布

由图 3-21 可见:

(1)对于 1979 年以前所建的小型坝,两市的年平均淤积程度基本相同;1979 年以后平均淤积比急剧下降。由此推测,对于 1979 年以前建成的小型坝,至 1989 年时或已失去拦沙能力,或为低效坝。

(2)分析 1979 年以前建成坝的淤积比可见,1956~1963 年的淤积比基本稳定在 94% 左右,说明达到该淤积比即失去拦沙能力。

(3)与 1956~1963 年的平均淤积比相比,1964~1979 年,淤积比缓慢下降了 7%~8%,这可能与淤地坝的翘尾巴淤积有关。

基于陕西省水土保持局等编写的《陕北地区淤地坝普查技术总结报告》(1993 年),表 3-12 列出了 1989 年陕北各主要支流的小型坝总库容、已淤积库容和剩余库容。由表 3-12 可见,除秃尾河、云岩河、北洛河外,其他支流的小型坝剩余库容只有总库容的 9%~20%。

表 3-12   1989 年陕北各支流小型坝淤积程度普查结果

支流名称	总库容(万 m³)	已淤库容(万 m³)	剩余库容(万 m³)	库容剩余率(%)
皇甫川(陕西境内)	551.72	438.83	112.89	20.5
孤山川	1 050.94	881.28	169.66	16.1
清水川	718.51	616.91	101.6	14.1
窟野河(陕西境内)	2 181.08	1 980.14	200.94	9.2
秃尾河	2 053.76	1 463.09	590.67	28.8
佳芦河	2 363.35	2 035.49	327.86	13.9
无定河	26 421.7	24 049.25	2 372.45	9
清涧河	8 829.78	8 035.49	794.29	9
延河	9 068.41	8 183.76	884.65	9.8
云岩河	944	898.5	45.5	4.8
北洛河	1 654.43	1 292.99	361.44	21.8
沿黄小支流	12 906.13	11 746.93	1 159.2	9

在侵蚀模数 10 000 t/(km² · a)情况下,小型坝的设计拦沙寿命为 5 年。因此,推算该区小型坝在 1989 年时的剩余拦沙寿命只有 0.5~1.5 年。实际上,即使按侵蚀模数 2 500 t/(km² · a)估计,1989 年以前建成的小型坝剩余拦沙寿命也不超过 5 年。更何况,在 20 世纪 90 年代前期,河龙区间和北洛河上游暴雨明显偏多。也就是说,1995 年以后,若不加高坝体,1989 年以前建成的 22 221 座小型坝,几乎都已失去拦沙能力,只能靠"坝地"减轻所在地的沟谷侵蚀——至 1989 年,小型坝已淤成坝地 157 km²。由此推断,2000 年以来,陕北仍在发挥拦沙作用的小型坝,主要是 1990 年以后修建者;考虑 1990 年以来新建坝的库容不断损失,估计目前有效坝的比例不超过小型坝总量的 16.3%。

2008 年的淤地坝普查结果证明,以上推断基本合理。利用 2008 年大中型淤地坝的淤积比信息,我们把榆林市 1979 年以前建成的骨干坝和中型坝按库容进行了分组,分析了各组淤地坝的已淤满数量占比,结果表明,淤地坝库容越小,基本淤满的淤地坝数量占比越大,见图 3-22。基于图中曲线,按平均单坝库容 5 万 m³ 推算,假定 1979 年以前建成的小型淤地坝均为"闷葫芦坝",至 2008 年已淤满的比例约达 99%。同理,可推算出 20 世纪 80 年代和 90 年代建成的小型淤地坝在 2008 年淤满的比例分别约为 88% 和 45%。

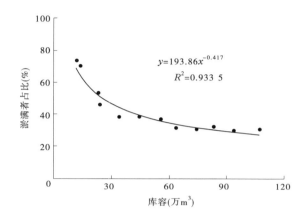

$$y=193.86x^{-0.417}$$
$$R^2=0.933\ 5$$

图 3-22　1979 年以前所建淤地坝的淤满比例与其库容的关系

无定河"7·26"暴雨区的调查成果,进一步证明该推断的合理性。通过对 7 条流域全部 1 091 座小型淤地坝的逐坝调查表明,因早已淤满或之前已严重水毁等原因,72.8% 的小型坝未发生明显淤积,见表 3-13;而且,在发生淤积的 297 座小型坝中,85% 的淤积量集中在 150 座淤地坝内,另外一半小型坝的单坝淤积量极少。也就是说,调查区域 1 091 座小型淤地坝中,86.4% 的小型坝已基本无拦沙能力。

表 3-13　无定河"7·26"暴雨区无明显淤积的小型淤地坝数量

流域名称	岔巴沟	小理河	砖庙沟	青阳岔以上	张王圪崂	裴家峁	马湖峪	总计
流域面积(km²)	187	807	144	1 260	67	40	371	2 876
小型坝总量(座)	81	357	78	237	85	43	210	1 091
无明显淤积者(座)	71	258	67	143	56	32	164	794
无明显淤积者占比(%)	87.7	72.3	85.9	60.3	65.9	74.4	78.1	72.8

山西省的小型淤地坝建成时间与陕北相同,因此其现状淤积程度也大体相同。

综上分析,对于陕北和河龙区间山西片的小型淤地坝,以下计算淤地坝在 2000~2018 年拦沙量时,统一将 1990 年以后建成者视为有效坝,认为之前的老坝已失去拦沙功能。

3.4 非陕北地区的淤地坝现状

前文指出,青海、甘肃、宁夏、内蒙古和山西等五省(自治区)的大中型淤地坝主要建成于 20 世纪 90 年代中期以后,因此目前的淤积程度普遍不高。截至 2008 年,在甘肃、宁夏、内蒙古和山西等四省(自治区)的 4 464 座大中型淤地坝中,淤积比≥90%者仅约 1%,小于 30%者占 73.9%,见表 3-14。

表 3-14 2008 年甘肃等四省(自治区)不同淤积程度的大中型淤地坝数量占比

省(自治区)	大中型坝总量(座)	淤积比=100%占比(%)	淤积比≥90%占比(%)	淤积比≤30%占比(%)	淤积比=0占比(%)
青海	251	0	0.4	83.3	5.8
甘肃	883	0.7	1.1	61.9	7.7
宁夏	646	0	0.6	72.6	11.4
内蒙古	1 113	0.6	1.3	76.1	14.1
山西	1 571	0	0.6	78.1	16.0

2017 年初,宁夏回族自治区和内蒙古鄂尔多斯市再次对其淤地坝的淤积程度进行了逐坝复核,结果表明(见表 3-15),至 2016 年底,在两区 1 715 座大中型坝中,淤积比≥90%者只有 23 座(其中 20 座位于鄂尔多斯市),占比 1.3%,淤积比≤30%的比例高达 83.8%。由此可见,对于这些省(自治区)的大中型淤地坝,在计算其近年拦沙量时,除完全淤满者外,其他均可视为有效坝。

表 3-15 2016 年宁夏回族自治区和鄂尔多斯市不同淤积程度的大中型淤地坝数量占比

省(自治区)市	大中型坝总量(座)	淤积比100%占比(%)	淤积比≥90%占比(%)	淤积比≤30%占比(%)	零淤积占比(%)
宁夏(不含内流区)	649	0	0.5	82.7	17.9
鄂尔多斯市	1 066	1.4	1.9	84.4	2.7

截至 2016 年,青海、甘肃、宁夏和内蒙古四省(自治区)的小型淤地坝只有 1 760 座,仅占潼关以上黄土高原小型坝总量的 4.3%,而且主要建成于 2000 年以后——该时段恰是各支流输沙量大幅减少的时段,因此至今淤积程度很低。以宁夏回族自治区和鄂尔多斯市为例,截至 2016 年,淤积比≥90%的数量仅占总量的 6%~7%,63%~73%的小型坝淤积比甚至不足 30%,见图 3-23。因此,对于此类地区,除约 60 座坝淤积比已达到或接近 100%者外

（80%建成于 20 世纪 80 年代以前），其他绝大部分小型坝均可视为有效坝。

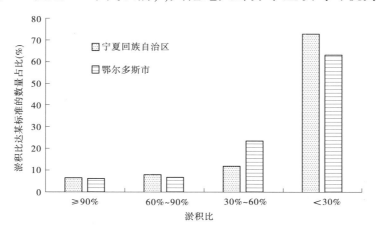

图 3-23　宁夏回族自治区及鄂尔多斯市小型坝 2016 年淤积比分布

3.5　现状有效坝数量及其分布

以上分析表明，因主要建成于 1990 年以后，青海、甘肃、宁夏和内蒙古等四省（自治区）的淤地坝，以及山西省的大中型淤地坝，目前淤积程度普遍不高，98% 都仍可正常拦沙。但是，大量的陕北淤地坝已失去拦沙功能。事实上，早在 1993 年，《陕北地区淤地坝普查技术总结报告》就指出，陕北大型坝和中型坝的库容分别已经淤损 70% 和 76%，剩余拦沙库容只有 3.1 亿 m³，剩余拦沙寿命分别只有 2.2 年和 1.2 年。

截至 2016 年，潼关以上黄土高原共有骨干坝 5 546 座、中型坝 8 596 座、小型坝 40 982 座，合计 55 124 座。基于 2008 年数据，按本书提出的临界淤积比标准，仍可发挥拦沙作用的骨干坝、中型坝和小型坝分别有 4 590 座、5 473 座、6 681 座，合计 16 744 座，82.8% 的骨干坝、63.7% 的中型坝和 16.3% 的小型坝仍可继续发挥拦沙作用，详见表 3-16。表中宁夏数据不含内流区和宁东，内蒙古数据仅包括河龙区间和十大孔兑。显然，又经历了 2009 年以来连续十多年的丰雨期和多次大暴雨后，1989 年以前建成的老坝必然又有一批失去拦沙能力，也就是说，目前陕西省的有效坝数量必少于表 3-16 的数量。

进一步分析表明，除陕北淤地坝和山西省的小型坝外，其他地区无效坝只有 137 座，占相应区域淤地坝总量的 1.8%。无效坝主要分布在陕北，占68.3%；其次是山西，占 31.4%（几乎均为小型坝）。从类型看，小型坝失效比例最大，均为 1989 年以前建成的老坝，且主要集中在晋、陕两省。

表 3-16　2008 年潼关以上黄土高原有效/无效淤地坝数量统计

省 （自治区）	2008 年有效坝数量（座）				2008 年无效坝数量（座）			
	骨干坝	中型坝	小型坝	合计	骨干坝	中型坝	小型坝	合计
青海	172	128	288	588	1	0	0	1
甘肃	559	444	583	1 586	0	7	7	14
宁夏	307	346	378	1 031	0	12	27	39
内蒙古	760	567	449	1 776	8	18	28	54
山西	1 131	801	1 719	3 651	24	3	12 034	12 061
陕北	1 573	3 115	2 952	7 883	921	3 083	22 205	26 209
关中	88	72	312	472	2	0	0	2
合计	4 590	5 473	6 681	16 744	956	3 123	34 301	38 380

　　对于 1989 年前建成的淤地坝,仅从拦沙角度看,2008 年时 60%~63% 的大中型坝是无效坝,小型坝几乎均为无效坝。而且,这些尚有拦沙功能的陕北老淤地坝中,绝大多数实际处于低效拦沙状态:基于 2008 年数据,按照前文确定的临界淤积比,统计了榆林、延安两市及典型县仍有拦沙能力的有效坝淤积现状(见表 3-17),结果表明,骨干坝平均淤积比达 60%~66%、中型坝达 70%以上;在榆林市的有效坝中,56% 的骨干坝和 43% 的中型坝的已淤库容大于设计淤积库容,即淤积面高于泄洪设施的底板高程;无定河"7·26"大暴雨区的逐坝调查情况也表明(见图 3-16),88% 的淤积物实际上集中在 20% 的淤地坝中,很多坝实际处于低效拦沙状态。

表 3-17　截至 2008 年仍有拦沙能力的老坝淤积状况

地名	类型	总量 （座）	截至 2008 年仍有拦沙能力者的淤积状况					
			数量（座）	总库容 （m³）	已淤库容 （m³）	剩余库容 （m³）	坝控面积 （km²）	淤积比 （%）
榆林市	骨干坝	1 632	623	69 518	44 749	11 561	2 992	64.4
	中型坝	6 219	2 192	57 574	40 302	10 363	3 042	70.0
延安市	骨干坝	276	127	13 670	8 185	2 888	2 963	59.9
	中型坝	1 281	596	13 170	9 541	1 522	826	72.4
神木县	骨干坝	87	48	4 688.4	3 125.9	671.7	157.0	66.7
	中型坝	245	94	2 506.8	1 909.7	296.3	176.5	76.2
米脂县	骨干坝	235	23	8 995.4	5 917.7	1 368.6	482.9	65.8
	中型坝	461	251	3 878	2 687	751	149	69.3

　　河龙区间是现状淤地坝集中的地区,2016 年有骨干坝 3 817 座、中型坝

6 740 座、小型坝 36 783 座,总量占潼关以上的 86%。图 3-24 是潼关以上现状有效淤地坝的空间分布,由图 3-24 可见,河龙区间仍然是有效淤地坝的集聚区,占 64.5%。截至 2008 年,河龙区间仍可发挥拦沙作用的骨干坝、中型坝和小型坝分别为 2 936 座、3 860 座、4 004 座,占相应总量的比例分别为 76.9%、57.4%、10.9%(见表 3-18)。如前文所说,经历了近十多年的连续丰雨后,目前该区的有效坝数量必然更少,具体情况将在第 6 章分析。

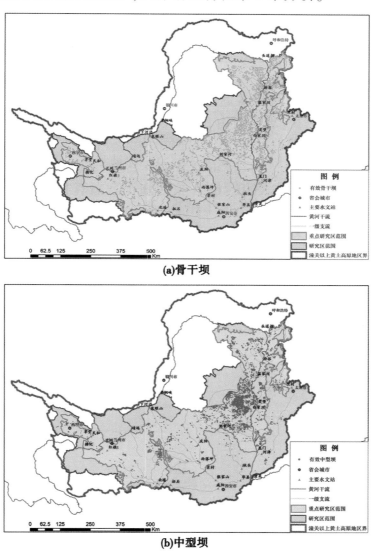

图 3-24 潼关以上有拦沙能力的淤地坝分布

表 3-18　河龙区间淤地坝概况

省 （自治区）	2016 年淤地坝数量（座）				截至 2008 年时的有效淤地坝数量（座）			
	骨干坝	中型坝	小型坝	合计	骨干坝	中型坝	小型坝	合计
内蒙古	626	461	379	1 466	618	443	359	1 420
山西	964	477	12 073	13 514	939	472	809	2 220
陕西	2 227	5 802	24 331	32 363	1 379	2 945	2 836	7 164
合计	3 817	6 740	36 783	47 340	2 936	3 860	4 004	10 800

2003 年后，淤地坝作为水利部"亮点工程"实施，淤地坝在坝系规划、设计标准、工程质量、管理等方面均有了明显提高，多数包含排水、排洪设施。除旧坝加固的淤地坝外，目前这些新建大中型淤地坝几乎不存在淤满现象。

需要说明的是，以上进行有效坝识别时，各地区采用的基础数据有所不同。其中，宁夏、鄂尔多斯、延安市的吴起与志丹两县等采用的是 2016 年普查数据，其他主要基于 2008 年数据（中型坝）和 2011 年数据（骨干坝）。而且，陕北老坝建成时间久远，淤积量数据难免有失准问题。因此，以上识别出的有效坝数量可以给人们勾勒出一个宏观概念，但具体到某条一级支流或二级支流，可能不一定精确。

4 不同时期淤地坝拦沙量分析

淤地坝主要通过拦截小流域所产泥沙和减轻沟道侵蚀等两大途径实现对入黄沙量的削减。不过，即使在淤地坝最集中的河龙区间，目前的坝地面积也只有水蚀面积的 0.2%~2%，因此"拦沙"是淤地坝实现减沙的主要途径。利用所获取的数据源，本章重点分析淤地坝在不同时期的拦沙作用。

4.1 计算方法

以往研究者通常利用坝地面积推求淤地坝在某时段的拦沙总量或年均拦沙量，其基本原理是：获取时段初和时段末的坝地面积，并计算出与坝地面积相对应的淤积体积，时段末与时段初的淤积体积之差即为淤地坝在该时段内的拦沙总量（冉大川等，2000）。该方法思路清晰，计算结果的准确性取决于两方面因素：①各地沟道地形千差万别，如何根据坝地面积推算淤积体积是该方法的技术难点。经过众多研究者的多年努力，目前该难题已大体解决。②坝地面积统计结果的准确性，对拥有数万座淤地坝的黄土高原绝非易事。

黄河水利委员会水土保持措施调查专项和全国第一次水利普查分别调查统计了 1996~2007 年和 2011 年的黄土高原各县坝地面积。基于这两个数据源，表4-1 分别给出了研究区主要支流 2007 年和 2011 年的坝地面积。对比可见，除秃尾河、佳芦河、无定河、延河、云岩河和仕望川 6 条支流外，其他各支流的坝地面积均在 2007~2011 年出现负增长。这似乎意味着淤地坝在过去十几年不仅没有拦沙，反而在排沙，显然与实际情况不符。

表 4-1 研究区 2011 年坝地面积与 2007 年坝地面积对比 （单位：hm²）

名称	2011 年 ①	2007 年 ②	二者相差 ①-②
皇甫川	1 017.4	3 967	-2 949.6
孤山川	894.0	953	-59.0
窟野河	3 039.1	4 314	-1 274.9
秃尾河	2 185.3	1 641	544.3
佳芦河	1 901.6	1 160	741.6
无定河	19 994.5	14 115	5 879.5
清涧河	5 196.3	5 294	-97.7

名称	2011 年 ①	2007 年 ②	二者相差 ①-②
延河	7 234.1	4 687	2 547.1
浑河	547.8	2 332	−1 784.2
杨家川	235.8	708	−472.2
偏关河	263.3	728	−464.7
县川河	625.4	653	−27.6
朱家川	623.2	1 235	−611.8
岚漪河	176.4	742	−565.6
蔚汾河	426.5	1 536	−1 109.52
湫水河	5 837.6	6 137	−299.4
三川河	3 010.1	5 178	−2 167.9
屈产河	972.8	2 637	−1 664.2
昕水河	669.7	2 486	−1 816.3
泾河	2 137.6	5 259	−3 121.4
北洛河	2 616.9	4 955	−2 338.1
渭河	1 118.1	2 496	−1 377.9
汾河	3 117.8	34 383	−31 265.2
黄河上游合计	1 017.4	105 852	−104 834.6

　　造成以上问题,原因在于"坝地"的口径发生了重大变化。按以往的口径,"坝地"是淤地坝拦沙淤积而形成的可耕种土地或潜在可耕种土地。但全国水利普查对"坝地面积"和"已淤地面积"重新进行了界定:定义"坝地面积"为在沟道拦蓄工程上游因泥沙淤积形成的地面较平整的可耕作土地,而"已淤地面积"专指淤地坝拦蓄泥沙淤积形成的地面较平整的可耕作土地。"坝地面积"中的一部分是由"已淤地面积"转化而来,但还包括沟台地等其他类型坝地。

　　此外,在以往统计坝地面积时,各地对坝地含义的理解差别很大,因此有的地方在统计时还包括了河道内的川台旱地。

　　由此可见,在现阶段,继续采用传统方法已经不可能得到符合实际的淤地坝拦沙量。为摸清研究区淤地坝在近年的实际拦沙量,我们不得不探索新的淤地坝拦沙量计算方法。

　　基于前文对黄土高原淤地坝的数量、时空分布和淤积程度的分析,发现以下特点:一是河龙区间的陕北支流和北洛河上游以 1989 年以前建成的"老淤地坝"为主;二是除河龙区间西部、北洛河上游和山西省小型坝外,其他地区的淤地坝几乎均建成于 20 世纪 90 年代至 2011 年,尤其是 2003~2009 年;三是 1990 年以来新建小型坝很少(约 6 400 座);四是现状淤地坝主要集中在河龙区间。

截至不同时间节点的每座淤地坝的实测淤积量,是准确测算淤地坝在不同时期拦沙量的关键数据。但是,在过去几十年,人们并没有定时测量。目前,能收集到的只有截至 1989 年年底(陕北淤地坝普查数据)、2008 年年底(淤地坝安全大检查数据,无小型坝的淤积信息)、2011 年年底(水利普查数据,仅有骨干坝淤积信息)、2016 年年底(宁夏和内蒙古鄂尔多斯淤地坝普查数据)等四个典型年的淤积量实测数据,以及建成时间、地理位置和坝控面积等信息。通过深入了解和对比分析每套数据中各淤地坝的淤积量信息采集方法,我们认为,1989 年数据、2011 年数据和 2016 年数据基本可信,因此作为本书重点采纳的数据源。

针对以上特点和数据资源,拟采用多种方法配合,测算不同时期的淤地坝拦沙量。

方法 1:利用 2011 年水利普查数据推算 2000~2009 年和 2010~2018 年拦沙量

2012 年完成的全国水利普查,获取了黄土高原全部骨干坝的地理位置、总库容、截至 2011 年年底已淤积库容和控制面积等信息;借助 2008 年、1989 年和 2016 年等其他信息源,可补充骨干坝的建成时间信息。基于该数据源,以支流为单元,可采用以下步骤推算淤地坝在 2000~2009 年的年均拦沙量:

(1)统计 2000~2009 年所建骨干坝截至 2011 年年底的总淤积量,记为 $W_{s-骨干坝2000~2009}$。

(2)统计 1999 年以前建成骨干坝的控制面积,并扣除已淤满坝的控制面积,得到 1999 年以前建成骨干坝的有效控制面积,记为 $A_{早年骨干坝}$。

(3)统计 2000 年前后所建的骨干坝截至 2011 年年底的总淤积沙量,记为 $W_{s-骨干坝2000}$;统计该样本坝的控制面积,记为 $A_{样本骨干坝}$。

(4)采用如下公式,可计算得到骨干坝在 2000~2011 年的年均拦沙量 $W_{s-骨干坝}$:

$$W_{s-骨干坝} = (W_{s-骨干坝2000~2009} + W_{s-骨干坝2000} \times A_{早年骨干坝} / A_{样本骨干坝})/12$$

(4-1)

(5)利用骨干坝的拦沙量和控制面积,推算出 2009 年以前建成的有效中小坝的拦沙量 $W_{s-中小坝}$,即

$$W_{s-中小坝} = W_{s-骨干坝} \times A_{中小坝} / A_{骨干坝}$$

(4-2)

(6)基于把口水文站在 2000~2011 年和 2000~2009 年的年均输沙量(分

别记为 $W_{s2000\sim2011}$ 和 $W_{s2000\sim2009}$），采用式（4-3），计算淤地坝在 2000~2009 年的年均拦沙量（W_s）：

$$W_{s-淤地坝} = （W_{s-骨干坝} + W_{s-中小坝}）\times W_{s2000\sim2009} / W_{s2000\sim2011} \qquad （4-3）$$

以上方法的关键环节有两个：一是样本坝的代表性，原则上样本坝数量应大于 1999 年以前所建的有效淤地坝的 30%，为此将"1999~2001 年建成的淤地坝"作为样本坝。二是中小淤地坝的空间分布应与骨干坝相似，因此采用该方法时计算单元不宜太大。

与中小型坝相比，骨干坝管理相对规范，测验数据一般更为可信。更重要的是：

（1）除陕北外，绝大部分骨干坝建成于 2000 年以后，即计算得到的 2000~2011 年骨干坝年均拦沙量几乎均为实测数据。

（2）目前，有效骨干坝坝控面积占全部有效坝控制面积的比例高达 70%~89%，即使在中小坝占比较大的陕北地区也达 57%。因此，除陕北的部分地区外（或因老坝太多，或因水利普查数据不可靠），采用该方法推算的拦沙量具有很高的可靠性。

值得注意的是，2010 年以来各地新建淤地坝很少。根据这个特点，我们还可以利用水利普查数据，推算各支流淤地坝在 2010~2018 年的年均拦沙量，方法与以上相似：

（1）统计 2007~2011 年所建骨干坝截至 2011 年年底的总淤积沙量，记为 $W_{s-骨干坝2007\sim2011}$。

（2）统计 2006 年以前建成骨干坝的控制面积，并扣除已淤满坝的控制面积，得到 2006 年以前建成骨干坝的有效控制面积，记为 $A_{早年骨干坝}$。

（3）统计 2007 年前后所建的骨干坝截至 2011 年年底的总淤积沙量，记为 $W_{s-骨干坝2007}$；统计该样本坝的控制面积，记为 $A_{样本骨干坝}$。

（4）采用如下公式，计算得到骨干坝在 2007~2011 年的年均拦沙量 $W_{s-骨干坝}$：

$$W_{s-骨干坝} = （W_{s-骨干坝2007\sim2011} + W_{s-骨干坝2007} \times A_{早年骨干坝} / A_{样本骨干坝}）/5 \qquad （4-4）$$

（5）如果中小淤地坝的空间分布与骨干坝相似，利用骨干坝的拦沙量和控制面积，可推算出有效中小坝的拦沙量 $W_{s-中小坝}$，即

$$W_{s-中小坝} = W_{s-骨干坝} \times A_{中小坝} / A_{骨干坝} \qquad （4-5）$$

（6）基于把口水文站在 2007~2011 年和 2010~2018 年的年均输沙量（分别记为 $W_{s2007\sim2011}$ 和 $W_{s2010\sim2018}$），采用式（4-6），计算淤地坝在 2010~2018 年的年均拦沙量（W_s）：

$$W_{s-淤地坝} = (W_{s-骨干坝} + W_{s-中小坝}) \times W_{s2010\sim2018} / W_{s2007\sim2011} \qquad (4\text{-}6)$$

分析可见,该方法隐含一个假定:即假设 2010~2018 年有效淤地坝控制面积与 2007~2011 年相同。由第 2 章分析可知,2012 年以后,研究区各地新增淤地坝均很少:假定 2012 年以来新增的淤地坝均为"新建",2012 年新增的淤地坝有效控制面积也只占 2.7%。实际计算时,可以把 2012 年以后新增骨干坝的控制面积计入中小坝,但这样可能导致计算结果偏大,因为该方式实际是假设"2012~2018 年所建淤地坝均参与了 2010 年以来每年的拦沙活动",显然不符合实际。

选择 2007 年前后建成的淤地坝作为样本坝,一个重要考量因素是样本坝数量。统计各年建成的骨干坝数量可见(图 2-6),2006~2009 年是骨干坝建设高峰期,其中 2007 年和 2006~2008 年建成的骨干坝分别占"2006 年以前建成的有效骨干坝"的 10% 和 30%,即仅靠 2007 年新建坝难以满足样本的数量要求。鉴于此,以下采用该方法计算各区拦沙量时,一般以 2006~2008 年建成的淤地坝作为样本坝。

选择 2007 年前后建成坝作为样本坝的另一个原因,是代表系列的长度。理论上,代表系列的起始年距今越近越好,但由于每年的暴雨落区有所不同,而降雨是产沙的主要动力,因此若代表系列过短,可能会导致部分淤地坝因未经历暴雨而无淤积。

考虑到有效淤地坝的识别有一定难度,以上方法更适于老淤地坝很少的地区。其中,2010~2018 年拦沙量推算成果的精度偏低,应采用其他方法校核。

方法 2:利用 2016 年淤地坝普查数据推算 2010~2018 年拦沙量

2017 年,宁夏和内蒙古鄂尔多斯市对其辖区内全部淤地坝进行了摸底调查,实测了每座淤地坝截至 2016 年年底的已淤积库容,并获取了每座淤地坝的地理位置、建成时间、总库容、控制面积等数据。利用该数据集,并考虑到 2007 年前后是两区的淤地坝建设高潮,可借鉴"方法 1"和"方法 2"的思路,首先计算淤地坝在 2007~2016 年的拦沙量,进而利用水文站实测输沙量推算淤地坝在 2010~2018 年的拦沙量,具体步骤和计算公式不再赘述。

由于该数据集含有骨干坝、中型坝和小型坝等全部淤地坝的淤积信息,且 2016 年以后两区新建淤地坝很少、泥沙输移环境变化很小,因此采用该方法推算的相关支流 2010~2018 年年均拦沙量必然非常可靠。

可利用该方法的支流包括宁夏清水河、泾渭河的宁夏辖区、十大孔兑、皇甫川和窟野河的内蒙古辖区。

此外,延安市吴起和志丹两县淤地坝的 2016 年普查数据也比较客观,可以用于计算北洛河上游的 2010~2018 年淤地坝拦沙量。

方法 3:利用淤地坝控制面积和水文站实测输沙量,推算 1999 年以前不同时期的拦沙量

20 世纪 90 年代及其以前,除陕北外,黄土高原绝大部分地区淤地坝很少,也难以采集到淤地坝在该时期的淤积量实测数据。鉴于此,可以利用水文站实测输沙量和淤地坝控制面积等信息,推算淤地坝拦沙量,以清涧河为例,其淤地坝在 1990~1999 年的拦沙量计算公式为

$$W_{s-淤地坝} = W_s \times A_{淤地坝} / (A - A_{淤地坝} - A_{水库}) \tag{4-7}$$

式中:$W_{s-淤地坝}$ 为 1990~1999 年的淤地坝年均拦沙量;W_s 为该流域把口水文站的同期实测输沙量;A 为水文站控制区面积;$A_{淤地坝}$ 为同期区内有效淤地坝的控制面积,$A_{水库}$ 为区内同期有拦沙能力的水库控制面积。

采用该方法时,要提高计算精度,关键在于计算单元不宜太大,以尽可能保证坝库区域的产沙模数与水文站以上其他区域的产沙模数相同。

以上分析可见,该方法的核心思想是依靠水文站实测输沙量按比例缩放。不过,由于泥沙输移环境变化很大,该方法不宜用于测算淤地坝在 2000 年以后的拦沙量。此外,由于淤地坝一般建设在水土流失更严重的地区,故采用以上方法得到的拦沙量可能偏小,在淤地坝集聚的陕北不宜采用该方法。对于除陕北外的其他地区,2000 年以前淤地坝数量很少,因此采用该方法计算的拦沙量虽然偏少,但绝对值很小,故对认识流域产沙形势的影响很小。

方法 4:抽样实测 2007 年前后建成淤地坝的拦沙量,推算 2010~2018 年的拦沙量

前文说到,利用水利普查数据可推算淤地坝在 2010~2018 年的拦沙量(方法 2),但用 2007~2011 年的拦沙量进行推算,存在林草梯田覆盖率状况不同、该时期暴雨明显偏少和 2012 年以来新建坝不太好准确反映等问题。利用 2016 年淤地坝普查数据推算的 2010~2018 年拦沙量结果更准确,但是,除宁夏和鄂尔多斯外,黄土高原大部分地区缺乏淤地坝在 21 世纪 10 年代后期的实测淤积量数据。

为解决此问题及尽可能减少计算误差,2017 年 4~5 月,在淤地坝分布最为集中且缺少实测数据的河龙区间晋陕两省、北洛河上游和泾河东川等区域,在 2006~2008 年新建的大中型淤地坝中,按 25 km² 格网进行等密度抽样,选择了 600 余座样本坝,收集了每座坝的设计资料和竣工验收报告(无竣工报告时,可用设计报告,但要确定竣工时间)。然后,通过询问和实地查勘,现场核实样本坝与设计、验收资料的一致性,对不一致的样本坝予以剔除。剔除与设计资料不符、属旧坝加高加固坝等无效样本,本次共实测有效样本坝 216 座,各支流数量详见表 4-2,野外调查照片见附图。

对于不蓄水的样本坝,采用加权平均淤积高程法开展调查。在淤积体上选择不少于 3 处典型断面,每个断面选择不少于 3 个淤积高程测量点,量算出平均淤积高程,查阅样本坝设计报告或竣工验收报告中的"坝高~库容(面积)关系曲线"获得淤积量。

对于蓄水坝,首先测量水面与坝顶的高差,再测量水面与淤泥面高差,可根据实际情况,采用水深探测仪或用绳索或探杆测量。两者之和与坝高的差即为蓄水样本坝的淤积厚度,查阅库容曲线获得淤积量。然后,基于淤积量实测结果和相应的淤地坝控制面积,可计算出淤地坝在 2007~2016 年的产沙模数。

表 4-2 是本次实地测量的结果汇总。实际应用时,针对具体流域,可以把下垫面情况相似的周边流域实测产沙模数,也作为该流域的重要参考。

表 4-2　实测样本坝数量、分布与拦沙情况

样本坝所在位置		实测数量(座)	合计控制面积(km²)	平均产沙模数[t/(km²·a)]	样本坝所在位置		实测数量(座)	合计控制面积(km²)	平均产沙模数[t/(km²·a)]
河龙区间陕西片	秃尾河	5	8.29	6 301	河龙区间山西片	杨家川	1	2.86	5 711
	佳芦河	5	9.7	6 051		偏关河	5	18.34	3 424
	无定河	45	86.41	7 055		县川河	1	3.2	3 298
	清涧河	29	69.83	3 905		湫水河	13	39.11	5 026
	延河	54	79.13	4 746		三川河	2	5.63	2 347
	小计	138	253.36	5 860		屈产河	5	3.29	4 330
北洛河上游		38	110.3	4 877		芝河	4	12.6	3 727
泾河东川		9	30.49	6 521		昕水河	3	10.82	3 179
汾河上游		1	5.65	439	合计		216	493.87	4 200

毋庸置疑,限于经费和时间,我们实际获取的样本数据并不丰富,实际应用时要多种方法相互印证。

方法 5:利用无定河"7·26"暴雨实测数据推算 2010~2018 年拦沙量

陕北地区不仅是黄土高原淤地坝最多的区域,也是老淤地坝集聚区。2000 年以来,人们开始对水毁的老淤地坝进行加固或改造,但由于很多"加固或改造坝"被标识为"新建坝",不仅给识别 2000 年以来新建淤地坝带来了很大困难,也会影响样本坝的数量和空间代表性。实际上,该区 2000 年以来新建淤地坝不多,因此采用方法 1 往往面临着样本坝数量过少或难以分辨样本坝的问题。也是因为 2007 年前后新建淤地坝极少,使得方法 4 中可供实测的样本坝很少。以上问题,都会严重影响拦沙量计算成果的可靠性。

2017年无定河"7·26"大暴雨区7条流域淤地坝拦沙量的实际成果,为解决该问题提供了难得的借鉴。在被调查的无定河7条支流中,有5条支流在把口断面设有水文站。分析该5条流域的次洪输沙量、淤地坝拦沙量和排沙量、建筑弃渣入河量、流域"净输沙量"(扣除淤地坝水毁排沙量或建筑弃渣入河量后的流域水文站输沙量)、淤地坝有效控制面积等,结果见表4-3。

表4-3 2017年无定河"7·26"暴雨区典型流域产输沙实测结果

流域名称	水文控制面积(km²)	次洪输沙量(万t)	坝库拦沙$W_{拦}$(万t)	水毁排沙或弃渣量(万t)	流域净输沙量W_s	$W_s:W_{拦}$	有效坝控面积占流域水蚀面积(%)
马湖峪以上	371	62.4	107.4	0.86	61.54	1:1.745	43.1
曹坪以上	187	88.0	118.4	20.8	67.2	1:1.762	47.1
李家河以上	807	361.0	517.1	90.2	270.8	1:1.910	53.6
裴家峁	40	29.85	10.65	8(弃渣)	21.85	1:0.487	24.0
青阳岔以上	1 260	1 291.0	322.2	69.7	1 221.3	1:0.264	31.3

分析表4-3可见:

(1)在淤地坝最密集的马湖峪流域、岔巴沟流域曹坪以上和小理河流域李家河以上,无论面雨量大小,水文站净输沙量与坝库拦沙量的比例均达到1:1.745~1:1.910,即流域所产泥沙的65%被坝库拦截了。

(2)在淤地坝相对较少的大理河青阳岔以上,坝库拦截沙量仅占流域所产泥沙的21%。该结果可以直接用于无定河流域黄土丘陵第5副区的淤地坝拦沙量推算。

采用W_{ds}表示淤地坝拦沙量,W_s表示水文站净输沙量,则二者之间的关系可以表示为

$$W_{ds} = f \times W_s \tag{4-8}$$

公式中系数f的取值与流域内的有效淤地坝控制面积占流域水蚀面积的比例有关,后者简称"有效坝控面积占比"。利用表4-3中4条流域的实测数据,可得到二者的关系,结果见图4-1。对于有效坝控面积占比为图4-1范围内的流域,可采用图中的公式计算淤地坝拦沙量。

以上介绍了淤地坝拦沙量计算的5种方法,其中方法3的核心是依靠把口水文站实测输沙量按比例缩放,可称为水文比拟法;其他方法核心思想均是利用样本坝的实测淤积数据推算,故可统称为样本坝比拟法。每种方法都有其优点,也有其局限性,而且实测数据的可靠性也是需要认真考量的因素。因此,对于具体支流,往往需要多种方法并行,并充分借用前人的调查结果,以相互验证、去伪存真。在老坝集聚的陕北地区,采用水利普查数据时,需要甄别每座坝的实际建成时间,因为很多标识为新建坝者实为旧坝改造而成,即库内

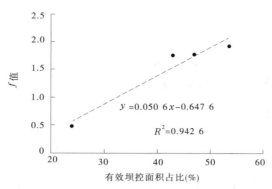

图 4-1　无定河典型小流域 f 值与有效坝控面积占比的关系

的淤积物实际是在比"建坝日期"更早时期拦下的。

以下分区介绍淤地坝在不同时期的拦沙量分析成果,并对相关问题的处理方法进行说明。

4.2　黄河上游地区

黄河青铜峡以上地区的黄土高原入黄泥沙主要来自洮河、湟水、祖厉河和清水河等。此外,十大孔兑也是黄河泥沙的来源区之一,而且泥沙粒径特粗。与黄河中游地区相比,黄河上游地区的淤地坝不多,而且主要建成于 20 世纪 90 年代以后,见图 4-2 和表 4-4。

表 4-4　黄河上游主要支流不同时期的淤地坝控制面积　　　　（单位:km²）

支流名称	湟水	洮河	祖厉河	清水河	十大孔兑	其他区域
1950~1969 年	2.4	0	0	0	0	0
1970~1979 年	6.8	0	9	26.9	0	7.9
1980~1989 年	10.6	0	50.1	69.6	6.3	26.9
1990~1999 年	112	21.7	251	175.6	234.1	82.9
2000~2009 年	933	75.6	508	1 058	679.7	275
2010~2016 年	1 001	75.6	522	1 147	970.4	276

分析图 4-2 和表 4-4 和可见,在 20 世纪 50~70 年代,黄河上游的淤地坝极少,合计控制面积只有 50.6 km²,故其拦沙作用可忽略不计。青铜峡以上地区淤地坝的发展始于 20 世纪 90 年代,21 世纪初进入大发展时期,目前达到 1 265 座,坝控面积合计 3 022 km²。根据该区淤地坝的建成时间分布特点,以及采集到的数据情况,以下分别计算黄河循化—青铜峡区间各支流淤地坝在不同时期的拦沙量。

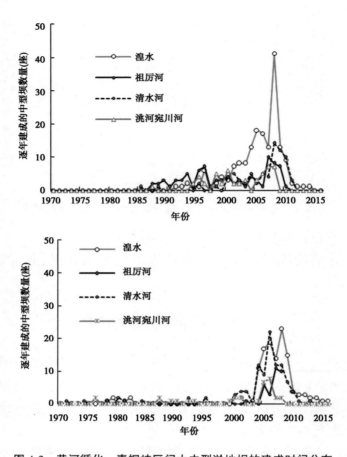

图 4-2 黄河循化—青铜峡区间大中型淤地坝的建成时间分布

4.2.1 湟水

湟水流域面积 32 863 km²，其中青海省境内中度和强度以上水土流失面积分别为 10 160 km² 和 5 919 km²。湟水民和断面以上天然时期(1919~1959年，下同)输沙量 1 900 万 t/a，黄土丘陵区输沙模数 1 000~10 000 t/(km²·a)。1990~1999 年、2000~2009 年和 2010~2018 年，民和断面年均输沙量分别为1 055 万 t/a、366 万 t/a 和 359 万 t/a。湟水流域(不含大通河流域)现有淤地坝 585 座，其中大中型坝 201 座，均分布在青海省境内，且全部建成于 1990 年以后，见图 4-3。

1999 年，湟水流域淤地坝总控制面积为 112 km²，仅占该流域中度水土流失面积的 1.1%。利用 20 世纪 90 年代湟水黄丘区水土流失程度和水文断面年均输沙量，采用方法 3 推算，淤地坝同期拦沙量应约 12 万 t/a。

湟水淤地坝建设主要集中在 2000~2011 年。利用 2019 年淤地坝调研青海省统计上报数据，得到湟水截至 2018 年骨干坝合计拦沙量为 2 233.67 万 t

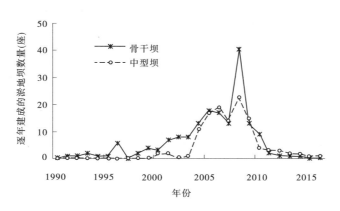

图 4-3 湟水流域大中型淤地坝建成时间分布

（按容重 1.35 t/m³ 计算，下同），其中 2010~2018 年的骨干坝年均拦沙为 154 万 t/a，2000~2009 年骨干坝年均拦沙 79 万 t/a。2010~2018 年，湟水流域淤地坝总控制面积为 1 040 km²，其中骨干坝 696 km²、中小型坝 344 km²；2000~2009 年，湟水流域淤地坝总控制面积为 967 km²，其中骨干坝 646 km²、中小型坝 321 km²；由此可推算出全部淤地坝在 2010~2018 年和 2000~2009 年的年均拦沙量分别约 230 万 t/a 和 119 万 t/a。

此外，利用截至 2018 年湟水 172 座骨干坝总拦沙量（1 654.57 万 m³），减去 2000~2018 年的骨干坝总拦沙量（1 615 万 m³），也可得到骨干坝在 20 世纪 90 年代的总拦沙量，约为 40 万 m³。1999 年，湟水淤地坝总控制面积为 112 km²，参考同期骨干坝（控制面积 61 km²）的拦沙量，则该流域全部淤地坝在 90 年代的年均拦沙量为 10 万 t/a。该结论与方法 3 的推算结果"12 万 t/a"基本一致。

湟水流域的淤地坝绝大多数分布在民和断面以上。值得注意的是，2000~2009 年和 2010~2018 年湟水淤地坝年均拦沙量分别为同期民和断面年均输沙量的 20% 和 70%，大于同期淤地坝控制面积占湟水中度甚或强度以上水土流失面积的比例，主要原因在于泥沙输移阻力的变化，相关问题将在后面章节讨论。

4.2.2 洮河

洮河流域面积 2.55 万 km²，天然时期红旗断面年均输沙量 2 640 万 t。洮河泥沙主要来自洮河下游的黄土丘陵区，该区中度以上水土流失面积 4 077 km²；2008 年九甸峡水库建成后，泥沙来源更加集中在下游。1990~1999 年、2000~2009 年和 2010~2018 年，洮河下游红旗至李家村区间的年均输沙量分别为 1 640 万 t/a、720 万 t/a 和 480 万 t/a。

目前，洮河流域共有淤地坝 17 座，其中骨干坝 11 座、中型坝 4 座、小型坝

2座,是潼关以上黄土高原淤地坝最少的地方,合计控制面积75.6 km²。洮河淤地坝全部建成于1992~2007年,其中1999年以前建成的淤地坝控制面积只有21.7 km²。

洮河流域的淤地坝主要分布在下游的临洮县,少量分布在下游的康乐县和东乡县。基于2011年水利普查数据,推算洮河淤地坝2000~2011年年均拦沙量为32.4万t/a。以此为基础,推算了2000~2009年和2010~2018年洮河淤地坝年均拦沙量,分别约36万t和25万t。

洮河在20世纪90年代淤地坝极少,其拦沙量可忽略不计。

4.2.3 祖厉河

祖厉河流域现有淤地坝175座,其中骨干坝83座、中型坝34座、小型坝58座。从空间分布看,绝大多数淤地坝集中在支流关川河的馋口以上,且主要涉及秤钩河、李家河、西河、响河沟和小南岔等几条小流域;其中,在面积只有118 km²的秤钩河小流域,集中布置了31座骨干坝、7座中型坝、35座小型坝,2008年时已实现对小流域产沙量的完全控制。

祖厉河流域的大中型淤地坝基本建成于1987年以后,其中中型坝几乎全部建成于1999年以后,见图4-4。

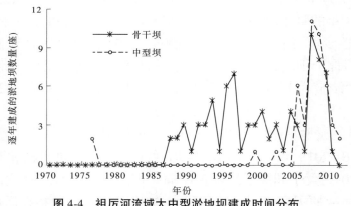

图4-4 祖厉河流域大中型淤地坝建成时间分布

利用20世纪90年代水文站实测输沙量和淤地坝控制面积,采用水文比拟法,可推算出祖厉河淤地坝在90年代的年均拦沙量,约74万t/a。

利用2011年全国水利普查数据和2008数据中的中小型淤地坝信息,采用方法1,可推算出2000~2011年和2007~2011年淤地坝年均拦沙量,分别为156.5万t/a和100.5万t/a。然后,利用水文站输沙量,得到2000~2009年和2010~2018年的淤地坝年均拦沙量,分别为172万t/a、80万t/a。基本相同的淤地坝规模,但2010~2018年拦沙量远小于2000~2009年,原因在于祖厉河流域 2010 年以来的产沙量大幅度降低:祖厉河靖远水文站 2010~2018 年实测输沙量只有 2000~2009 年的 48%。

考虑到祖厉河淤地坝集中分布在馋口以上,该区林草地面积占比不大,且 2011 年以后没有新建坝,因此该方法推算的 2010~2018 年拦沙量基本可靠。

4.2.4 清水河

截至 2016 年,清水河流域共有淤地坝 364 座,其中骨干坝 74 座、中型坝 102 座、小型坝 188 座,总控制面积 1 147 km²。现有淤地坝主要建成于 2000 年以后,见图 4-5。

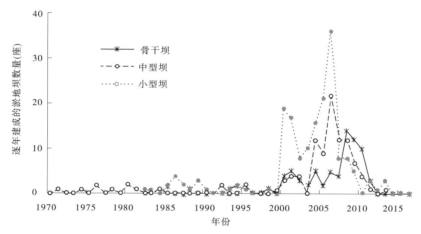

图 4-5　清水河流域淤地坝建成时间分布

1999 年以前,该流域有 5 座骨干坝、13 座中型坝和 31 座小型坝,合计控制面积 175.6 km²。基于 20 世纪 90 年代清水河入黄沙量(4 447 万 t/a),按"淤地坝控制面积占流域轻度以上水土流失面积的比例"推算,淤地坝的同期拦沙量约 93 万 t/a。

利用水利普查数据和 2017 年淤地坝普查提供的 2009 年中型坝淤地坝信息,推算出清水河淤地坝在 2000~2011 年的拦沙量,为 131.2 万 t/a。然后,利用水文站输沙量数据,推算得到 2000~2009 年的淤地坝拦沙量,为 151 万 t/a。

2017 年,宁夏回族自治区对其全部淤地坝进行了普查,获取了每座淤地坝的地理位置、建成时间、控制面积、总库容和截至 2016 年年底的已淤库容等信息。对该成果进行分析,结果表明,清水河流域只有 1 座中型坝和 5 座小型坝的淤积比达到 90% 以上,淤积比小于 30% 者高达 81%。采用该套数据和前文介绍的方法 2,首先计算了淤地坝在 2007~2016 年的拦沙量,为 185.3 万 t/a。然后,利用 2010~2018 年实测入黄沙量,推算得到淤地坝在 2010~2018 年的年均拦沙量,为 175 万 t/a。

4.2.5　十大孔兑

截至 2016 年年底,十大孔兑流域共有淤地坝 379 座,其中骨干坝 160 座、中型坝 120 座、小型坝 99 座,总控制面积 970.4 km²,主要分布在达拉特旗,少量分布在杭锦旗、准格尔旗和东胜区。

图 4-6 是十大孔兑淤地坝的建成时间分布。由图 4-6 可见,该区 20% 的淤地坝建成于 20 世纪 90 年代,包括 41 座骨干坝和 40 座中小型坝,其中骨干坝基本分布在罕台川和哈什拉川,中小型坝全部分布在呼斯太沟,总控制面积 234.6 km²。据当地 2000 年前后对罕台川和哈什拉川 41 座骨干坝调查,至 1999 年的拦沙总量为 378 万 m³;参考罕台川孔兑在 90 年代的实测输沙模数 [2 640 t/(km²·a)],估计呼斯太孔兑 40 座中小型坝拦沙总量为 37.6 万 m³。由此可见,90 年代十大孔兑淤地坝的总拦沙量约 415.6 万 m³,年均拦沙量 56 万 t/a。

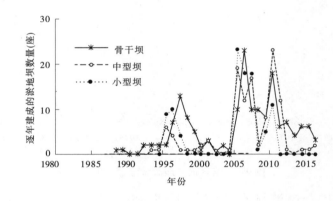

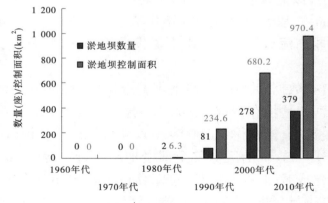

图 4-6　十大孔兑流域淤地坝的建成时间分布

采用水利普查数据,可以推算出 2000~2009 年的淤地坝拦沙量,约 173 万 t/a。

2017 年,鄂尔多斯市对其全部淤地坝进行了普查,获取了每座淤地坝的地理位置、建成时间、控制面积、总库容和截至 2016 年年底的已淤库容等信息,结果表明:十大孔兑流域只有 1 座骨干坝、1 座中型坝和 7 座小型坝且基本淤满,淤积比小于 30% 者高达 82.6%。采用方法 2,计算了孔兑淤地坝在 2006~2016 年的年均拦沙量,为 313 万 t/a;进而推算出 2010~2018 年的年均拦沙量为 348 万 t/a。

4.2.6　沿黄其他地区

在循化至下河沿区间的其他地区,目前共有淤地坝 123 座,其中骨干坝 40 座、中型坝 30 座、小型坝 50 座,总控制面积约 280 km²;其中的 102 座建成于 2000~2009 年,19 座建成于 20 世纪 90 年代。

至 2011 年,70 座大中型淤地坝总计拦沙 452 万 m³,其中 2005 年以后建成的 39 座大中型坝共计拦沙 13.6 万 m³。由此推算:

(1)2005~2011 年,70 座大中型坝共计拦沙 24.4 万 m³。

(2)1990~2004 年共计拦沙 427.6 万 m³。

基于以上信息,推算该区淤地坝在 1990~1999 年、2000~2009 年和 2010~2018 年的年均拦沙量分别为 40 万 t/a、16 万 t/a 、16 万 t/a。

该区产沙量对黄河上游来沙的贡献不大,因此没有寻求更多的数据源对以上结果进行验证。

综合以上分析,可以得到黄河上游地区 20 世纪 60 年代以来不同时段的淤地坝年均拦沙量,见图 4-7。由图 4-7 可见,随着淤地坝数量增加,黄河上游地区的淤地坝拦沙作用逐渐增大;2010~2018 年,淤地坝年均拦沙 874 万 t/a,是该区同期入黄沙量的 19%。

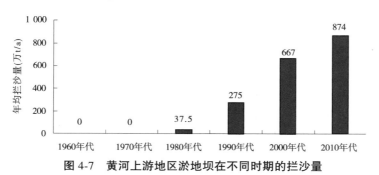

图 4-7　黄河上游地区淤地坝在不同时期的拦沙量

4.3　泾渭河流域

渭河流域面积 13.48 万 km²,包括渭河、泾河和北洛河三大水系。渭河流域水土流失严重,其中侵蚀模数大于 5 000 t/(km²·a)的面积达 4.88 万 km²,

天然时期年均入黄沙量 4.85 亿 t/a。超过 96% 的渭河泥沙来自泾河景村以上 (2.42 亿 t/a)、渭河拓石以上 (1.38 亿 t/a) 和北洛河刘家河以上 (0.87 亿 t/a)，因此是黄河水沙变化研究重点关注的区域。本节关注泾河景村以上和渭河拓石以上地区的淤地坝拦沙作用，该区主要为甘肃辖区和宁夏辖区，少量位于陕西辖区。

图 4-8 是泾渭河逐年建成的大中型淤地坝数量，表 4-5 和表 4-6 分别是泾河景村以上和渭河拓石以上的淤地坝数量及其控制面积。除渭河的葫芦河上游 (宁夏境内) 外，甘、宁两省 (自治区) 在泾渭河流域的淤地坝主要建成于 20 世纪 90 年代以后；渭河上游 70 年代中期至 80 年代初所建的淤地坝，均集中在葫芦河上游的宁夏境内；受投资限制，甘、宁两省 (自治区) 的小型坝很少。以下根据采集到的淤地坝数据情况，采用不同方法，测算淤地坝在不同时期的拦沙量。

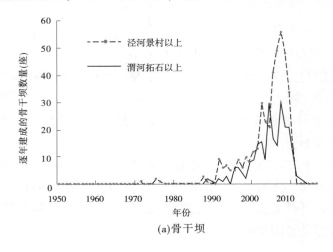

(a)骨干坝

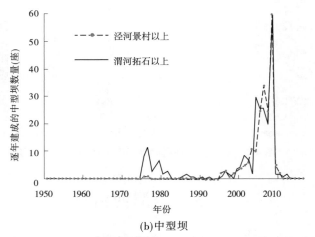

(b)中型坝

图 4-8　泾渭河逐年建成的大中型淤地坝数量

表 4-5　泾渭河主要产沙区的淤地坝数量　　　　　　　　　（单位:座）

水系名称	1989 年			1999 年			2016 年		
	骨干坝	中型坝	小型坝	骨干坝	中型坝	小型坝	骨干坝	中型坝	小型坝
泾河上中游	7	2	0	72	10	12	408	197	209
渭河上游	3	63	50	35	71	99	238	162	288

表 4-6　泾渭河主要产沙区的淤地坝控制面积　　　　　　　（单位:km²）

水系名称	1969 年	1979 年	1989 年	1999 年	2009 年	2016 年
泾河上中游	9.7	19.8	57.2	471.7	2 410.2	2 466.0
渭河上游	1.5	152.4	196.7	468.4	1 628.0	1 761.6

4.3.1　1999 年以前

泾河景村和渭河北道的水文站控制面积分别为 40 281 km² 和 24 871 km²。分析以上图表可见,20 世纪 80 年代坝控面积平均为 38.5 km² 和 174.6 km²,90 年代坝控面积平均为 264 km² 和 333 km²,占流域面积的比例很小。假定该时期淤地坝控制区所产泥沙可全部拦截,可利用各子区的淤地坝控制面积、水文站控制面积和实测输沙量等,采用方法 2,推算 1960～1969 年、1970～1979 年、1980～1989 年、1990～1999 年的拦沙量:

(1)渭河上游该时期的淤地坝主要分布在葫芦河上游。计算表明,各时期拦沙量分别约为 0 万 t/a、38 万 t/a、52 万 t/a、106 万 t/a。

(2)泾河景村以上甘肃和宁夏两省(自治区)在该时期的淤地坝主要分布在马莲河流域。计算表明,各时期拦沙量分别约为 10 万 t/a、20 万 t/a、58 万 t/a、378 万 t/a。

(3)据陕西省 20 世纪 90 年代初完成的陕北淤地坝普查,至 1989 年,辖区内淤地坝共计拦沙 650 万 m³,按容重 1.35 t/m³ 计算,折合 878 万 t。参考河龙间陕北支流同期淤地坝拦沙量的年代分布(见后文),该区淤地坝各时期拦沙量分别约为 174 万 t/a、416 万 t/a、287 万 t/a、250 万 t/a。

4.3.2　2000 年以来

利用全国水利普查提出的全部骨干坝的地理位置、控制面积和截至 2011 年的已淤积库容等信息,以及淤地坝安全大检查和其他统计数据给出的骨干坝建成时间信息,可采用方法 1,首先推算了淤地坝在 2000～2011 年的拦沙量(见表 4-7);然后,利用实测输沙量,推算了淤地坝在 2000～2009 年的拦沙量,泾河上中游为 883 万 t/a,渭河 399 万 t/a。其中,陕西省 1989 年以前在马莲河上游建成的淤地坝大多已在 20 世纪 90 年代末淤满,表中所列拦沙量主要为咸阳市泾河流域的淤地坝拦沙量。

表 4-7　泾渭河淤地坝在 2000~2011 年拦沙量

区域	骨干坝年均拦沙量(万 t/a)			中小型坝拦沙量(万 t/a)			总拦沙量(万 t/a)
	宁夏	甘肃	陕西	宁夏	甘肃	陕西	
泾河张家山以上	80.4	604.0	30.5	22.3	137.0	5	879.2
渭河咸阳以上	182.0	76.3	3.5	61.3	32.0	1	356.1

为验证结果的可靠性,将宁夏辖区 2011 年普查和 2016 年详查的骨干坝淤积量数据进行了对比,结果表明:基于 2011 年普查数据,宁夏泾河和宁夏渭河的骨干坝总淤积量分别为 715 万 m^3、1 993 万 m^3,利用 2016 年详查数据得到的泾河和渭河骨干坝总淤积量分别为 952 万 m^3、2 053 万 m^3,二者总体上比较协调。

对于甘肃和陕西两省淤地坝在 2010~2018 年的拦沙量,仍然采用方法 1推算,即首先计算淤地坝在 2007~2011 年的拦沙量,进而利用水文站输沙量,推算 2010~2018 年的淤地坝拦沙量。结果表明,甘肃省泾河流域和渭河流域淤地坝在 2010~2018 年的拦沙量分别为 1 258 万 t/a 和 172 万 t/a,陕西省泾河流域和渭河流域淤地坝分别为 91 万 t/a 和 11 万 t/a。

对于宁夏回族自治区,采用 2016 年普查数据,首先推算出泾河和渭河淤地坝在 2007~2016 年的拦沙量,分别为 149.4 万 t/a 和 227.8 万 t/a;然后利用泾河洪河和开边水文站、渭河静宁的实测输沙量,推算出 2010~2018 年的拦沙量,分别为 105 万 t/a、185 万 t/a。

综合以上分析,图 4-9 给出了泾河景村以上和渭河拓石以上淤地坝在不同时期的年均拦沙量。对比图 4-8 和图 4-9 可见,两流域淤地坝的拦沙量发展与不同时期建成淤地坝的数量基本协调。

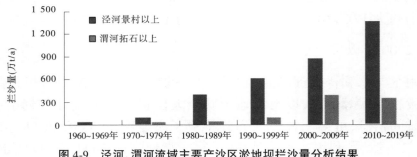

图 4-9　泾河、渭河流域主要产沙区淤地坝拦沙量分析结果

4.4 汾河流域

汾河流域面积 39 471 km²,其中黄土区水土流失面积 11 291 km²。天然时期,汾河流域入黄沙量为 0.47 亿 t/a,其中汾河上游黄土丘陵区水土流失最为严重、侵蚀模数 2 000~5 000 t/(km²·a)。不过,1980~2018 年,汾河入黄沙量只有 216 万 t/a,在此背景下,淤地坝的拦沙作用引人关注。不过,迄今有关汾河淤地坝拦沙作用的研究文献不多:在水利部黄河水沙变化研究基金会 2002 年编写的"黄河水沙变化及其影响的综合分析报告"中,列出了三家代表性研究成果,见表 4-8。

表 4-8　汾河流域淤地坝拦沙作用现有研究成果　　　　　(单位:万 t/a)

研究项目名称	1954~1959 年	1960~1969 年	1970~1979 年	1980~1989 年	1990~1996 年
黄委会水保基金项目	—	1 211	1 799	620	—
黄河水沙变化研究基金(第 1 期)	491	1 695	2 703	2 394	—
黄河水沙变化研究基金(第 2 期)	491	1 695	2 703	2 394	2 227

值得注意的是,以上三套成果计算采用的 1989 年汾河流域坝地面积均为 342 km²。但是,如果扣除在河滩上用生产坝围造的耕地(主要集中在汾西和灵石一带,见图 2-1),汾河流域 2011 年的坝地面积只有 31.2 km²,该值仅为河龙区间坝地面积的 4.2%。事实上,按照"库容≥1 万 m³"的淤地坝标准,目前汾河流域仅有骨干坝 192 座、中型坝 193 座、小型坝 1 310 座,远少于山西省在河龙区间的数量;之前统计的汾河"15 074 座小型坝",其中约 93% 是当地在支流的河滩地上建造的生产坝(见图 2-1),这些生产坝并非拦沙工程,而是发生大漫滩洪水时有利于"淤滩刷槽"的滩地圩田工程。

图 4-10 是汾河流域大中型淤地坝的建成时间分布,图中 2012~2016 年的数据为估算值;小型坝的建设时间不详,大体上与陕北小型坝的建设时间分布相同。

在 1979 年、1989 年和 1999 年,汾河流域大中型淤地坝的坝控面积分别为 26.6 km²、264 km²、886 km²。参考汾河上中游黄土丘陵区在 20 世纪 70 年代、80 年代和 90 年代的实际产沙强度[3 600 t/(km²·a)、2 400 t/(km²·a)、2 000 t/(km²·a)],推算相应时期大中型坝拦沙量分别约 10 万 t/a、64 万 t/a 和 177 万 t/a。

前文指出,河龙区间山西片小型坝在 1956~1969 年、1970~1979 年、1980~1989 年和 1990~1999 年的年均拦沙量分别为 328 万 t/a、960 万 t/a、664 万

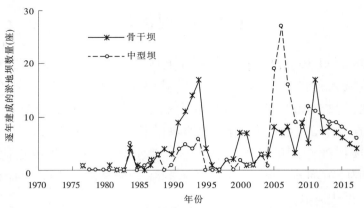

图 4-10　汾河流域大中型淤地坝建成时间分布

t/a、469 万 t/a。假定汾河流域小型坝建成时间与河龙区间山西片相同,并参考汾河上游不同时期的实际产沙强度,推算汾河小型坝 1956 ~ 1969 年、1970 ~ 1979 年、1980 ~ 1989 年和 1990 ~ 1999 年的年均拦沙量分别为 15 万 t/a、45 万 t/a、47 万 t/a、19 万 t/a。

2016 年,汾河流域淤地坝的有效控制面积达到 2 165 km²,其中汾河上游 1 008 km²。利用水利普查获取的骨干坝淤积信息和汾河同期实测输沙量信息,采用方法 1,可推算出汾河流域淤地坝在 2000 ~ 2011 年和 2007 ~ 2011 年的年均拦沙量分别为 209 万 t/a 和 320 万 t/a,其中汾河上游 2000 ~ 2011 年和 2007 ~ 2011 年的年均拦沙量分别为 136 万 t/a 和 162 万 t/a。

汾河流域各水文站近 20 年输沙量一直很小,其中汾河入黄断面年均输沙量只有 26 万 t/a。我们利用汾河上游静乐水文站和上静游水文站的实测输沙量,首先推算了汾河上游淤地坝在 2000 ~ 2009 年和 2010 ~ 2018 年的年均拦沙量分别为 156 万 t/a 和 77 万 t/a。然后,比拟汾河上游的情况,对汾河中下游淤地坝拦沙量进行缩放处理,结果年均拦沙量分别约 111 万 t/a 和 75 万 t/a。图 4-11 是汾河流域淤地坝不同时期的拦沙量。

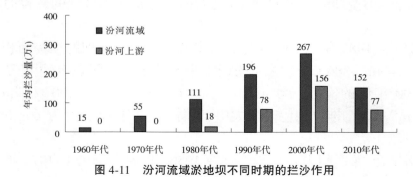

图 4-11　汾河流域淤地坝不同时期的拦沙作用

4.5　北洛河上游

北洛河全长 680 km,流域面积 26 905 km²,天然沙量 9 000 万 t/a。北洛河流域沙量主要来自刘家河水文站以上的上游地区,天然沙量约 8 360 万 t/a,因此北洛河流域的淤地坝也主要集中分布在上游:据陕北淤地坝调查报告《陕北地区淤地坝普查技术总结报告》(1993),截至 1989 年或 1990 年,包括宜川县(涉及云岩河和仕望川)在内的延安南部 6 县仅有 40 座中型坝和 773 座小型坝(含库容 0.5 万~1 万 m³ 的微型坝),无大型坝或骨干坝。

北洛河上游面积 7 325 km²,全部位于陕北境内,主要涉及吴起、志丹和定边三县。20 世纪 70 年代是其淤地坝建设高潮期;2002 年以后,该区迎来第 2 个建坝高潮。图 4-12 是北洛河上游逐年建成的淤地坝数量,截至 2016 年,该区有骨干坝 210 座、中型坝 311 座、小型坝 428 座。

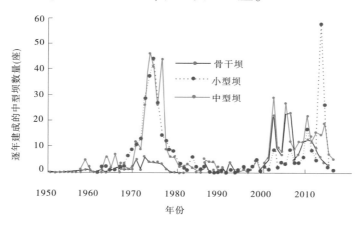

图 4-12　北洛河上游逐年建成的淤地坝数量

1990 年完成的陕北淤地坝普查表明,北洛河流域有骨干坝或大型坝 77 座(含上游的两座小型水库)、中型坝 282 座、小型坝 541 座,总库容 23 612 万 m³;至 1989 年,已淤库容 18 211 万 m³,折合拦沙量 2.37 亿 t(按容重 1.3 t/m³ 计)。其中,小型坝总库容 1 654 万 m³,已淤库容 1 293 万 m³,折合拦沙量 0.17 亿 t(占总拦沙量的 7.2%),平均淤积比 78%;中型坝总库容 9 162 万 m³,已淤 7 578 万 m³,折合拦沙量 0.99 亿 t(占总拦沙量的 41.8%),平均淤积比 83%;骨干坝(大型坝)共拦沙 1.21 亿 t。扣除甘泉、富县、洛川和黄陵等南部 4 县的拦沙量"1 562 万 t"后,北洛河上游截至 1989 年的淤地坝总拦沙量为 22 990 万 t(为与其他地区的计算口径一致,此处淤积体容重取 1.35 t/m³)。

20 世纪 90 年代是北洛河上游的暴雨高发期,其中 1994 年 8 月 30 日的大暴雨是该流域 50 年代以来实测雨强最高的暴雨,重现期超过百年,流域沙量也达到实测最大值（见图 4-13）。刘斌（2002）调查表明，该场暴雨使吴起、志丹和富县的淤地坝水毁 15%。由于 1989 年时中型坝和小型坝的平均淤积比已经达到 83%、78%，因此，定性判断，经历了这场大暴雨后，该区 20 世纪 70 年代修建的中小型坝基本淤满。

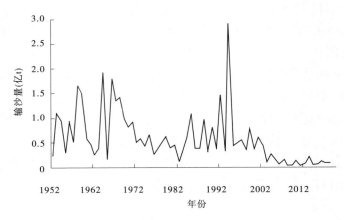

图 4-13 刘家河逐年实测输沙量

20 世纪 90 年代末，刘斌（2002）对北洛河流域不同时期的淤地坝拦沙量进行了分析，结果认为，在 1956～1969 年、1970～1979 年、1980～1989 年北洛河流域的淤地坝年均拦沙量分别为 457 万 t/a、663 万 t/a、145 万 t/a，总拦沙量 14 478 万 t，其中北洛河上游约占 1/2。将其与陕北淤地坝普查结果对比可见，该成果明显偏小，且上游拦沙量占比大幅偏小。

为摸清北洛河上游淤地坝在不同时期的拦沙量，我们对北洛河上游逐年建成的淤地坝数量及其控制面积进行了统计，并利用第 2 章提出的有效淤地坝判断标准，分析了不同时期的淤地坝控制面积及其有效面积，结果见表 4-9。然后，根据 1959 年以前淤地坝极少、不同时期的淤地坝控制面积和刘家河站输沙量、以及至 1989 年年底"北洛河上游淤地坝总拦沙量为 24 140 万 t"和"中小淤地坝的淤积比分别达 78% 和 82%"的普查结论，重新测算了北洛河上游淤地坝在 1960～1969 年、1970～1979 年、1980～1989 年和 1990～1999 年的拦沙量，结果见表 4-9。

表 4-9 北洛河上游不同时期的淤地坝控制面积和拦沙情况

项目	1960～ 1969 年	1970～ 1979 年	1980～ 1989 年	1990～ 1999 年	2000～ 2009 年	2010～ 2018 年
淤地坝总控制面积（km²）	154	971	1 055	1 123	1 839	2 344
有效控制面积（km²）	154	930	800	810	971	965
输沙量	9 409	7 380	4 694	7 505	2 314	980
拦沙量（万 t/a）	250	1 333	716	1 158	940	495

1994 年 8 月 30 日,北洛河上游遭遇大暴雨,暴雨中心位于吴起县北部,其中孙台水库 6 h 降水量达 214 mm,流域内大于 100 mm 的大暴雨笼罩面积 1 966 km²,大于 50 mm 的暴雨笼罩范围 11 116 km²,大暴雨使流域全年产沙强度高达 40 000 t/km²,刘家河站输沙量达有实测资料以来之最,结果使淤地坝水毁十分严重:据陕西省水土保持局调查,延安市受损淤地坝 1 160 座,其中坝体全毁者 115 座。由于未计入 1994 年大暴雨严重水毁者和已经淤满者,2016 年延安市淤地坝普查给出的 1989 年中型坝数量只有 20 世纪 90 年代初陕北淤地坝调查成果的 11%。目前,2016 年该区仍可继续拦沙的骨干坝 185 座、中型坝 224 座、小型坝 141 座,合计控制面积 965 km²。

基于 2011 年水利普查数据,北洛河上游共有骨干坝 181 座。采用方法 1,可推算出骨干坝在 2000~2011 年的拦沙量,为 558 万 t/a。同期,该流域有效中小型坝的控制面积为 325 km²,进而可以推算出全部淤地坝在 2000~2009 年的拦沙量,为 940 万 t/a。

为摸清北洛河流域淤地坝在近十年的实际拦沙量,2017 年 5 月,按照"空间均衡"的原则,我们在北洛河上游抽测了 38 座 2005~2009 年新建的淤地坝,总控制面积 110.3 km²,其中骨干坝 21 座,单坝控制面积平均 4.22 km²;中型坝 8 座,单坝控制面积平均 1.85 km²;小型坝 9 座,单坝控制面积平均 1.31 km²。对比可见,样本坝控制面积只占全流域有效淤地坝控制面积的 8%,略显不足,但亦是实测样本坝密度最大、空间分布最合理的支流。该流域 2006~2008 年真正新建的淤地坝不多,因此也没有更好的办法。逐坝测量了 38 座样本坝的总库容、已淤积库容、控制面积,核实了建坝时间,进而推算了样本坝控制区内在 2007~2016 年的产沙模数,为 4 877 t/(km²·a)。基于此,利用两个时期刘家河水文站的实测输沙量,可推算出 2010~2018 年的产沙模数,为 5 115 t/(km²·a)。2010~2018 年,北洛河上游淤地坝有效坝控面积为 965 km²,则淤地坝年均拦沙约 495 万 t/a。

采用水文比拟法,也对 2010~2018 年淤地坝拦沙量进行了推算,结果为 226.5 万 t/a。对比可见,该结果只有样本坝比拟法结果的 45.8%,其原因将在第 6 章讨论。

4.6 河口镇—龙门区间

黄河河口镇—龙门区间,是最主要的黄河泥沙来源区,天然沙量 8.5 亿 t/a,但 2000~2019 年入黄沙量仅为 1.36 亿 t/a。前文分析指出,河龙区间是淤地坝最多的地区,目前该区有骨干坝 3 817 座、中型坝 6 740 座、小型坝 36 783 座,分别占潼关以上黄土高原总量的 69%、79% 和 90%,其中大中型淤地坝主要分布在河龙区间右岸,小型淤地坝主要集中在河龙区间的晋、陕两省。

　　河龙区间也是老旧淤地坝集中分布的区域。在现状大中型坝中,44%的骨干坝和73%的中型坝建成于1989年以前,见图4-14,而且这些老淤地坝的97%分布在河龙区间的陕西境内。据陕北1989年淤地坝普查数据、鄂尔多斯市2016年淤地坝普查数据和1990年以来各地新建小型坝的数量,推算该区89%的小型坝建成于1989年以前,见图4-15(注:图中2003年以来的中型坝数量偏多356座,未处理)。

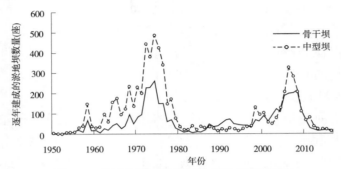

图 4-14　河龙区间大中型淤地坝建成时间分布

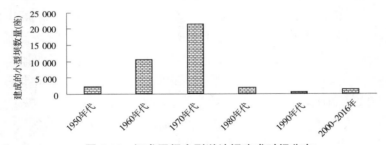

图 4-15　河龙区间小型淤地坝建成时间分布

4.6.1　20世纪后期

　　河龙区间淤地坝的拦沙作用是以往学者研究的重点区域。20世纪90年代末,在前人调查研究的基础上,相关单位和专家对1950～1996年不同时期的淤地坝减沙作用进行了系统分析,结果见表4-10。

　　1970～1979年和1980～1989年,河龙区间实测输沙量分别为75 429万t/a、37 221万t/a,即20世纪80年代输沙量不足70年代的50%。再从图4-14、图4-15可见,在20世纪80年代,河龙区间的淤地坝增量极小,而且该时期47%的中型坝和55%的小型坝已经淤满。因此,定性判断,河龙区间80年代的淤地坝年均拦沙量应小于70年代,即冉大川等人的成果更合理。

表 4-10　河龙区间淤地坝减沙作用现有成果　　　　　　（单位：万 t）

成果名称及其研究者	1956~1969 年	1970~1979 年	1980~1989 年	1990~1996 年
黄河流域水土保持减沙作用 （高博文，2002）	—	7 290	10 480	—
黄河水沙变化及其影响的综合分析报告 （水利部黄河水沙变化研究基金会，2002）	—	13 120	13 970	12 540
黄河中游河口镇至龙门区间水土保持 与水沙变化（冉大川，2000）	5 322	15 811	11 404	11 254

不过，对比陕西水保部门的淤地坝普查成果，冉大川等给出的淤地坝年均拦沙量仍可能偏小：

（1）1990 年前后，陕西省水土保持部门对榆林和延安两市的淤地坝进行了全面、详细调查。利用该普查数据，对陕北各流域大中型坝数量及其淤积量进行了复核，结果表明，河龙区间陕西淤地坝总计拦沙 37.77 亿 t，详见表 4-11。需要说明的是，陕西水土保持部门当年采用的淤积体容重为 1.30 t/m³，表 4-11 采用的淤积体容重为 1.35 t/m³。

表 4-11　截至 1989 年河龙区间陕西片淤地坝拦沙量

水系名称	淤地坝数量（座）		至 1989 年总拦沙量（万 t）		
	大中型坝	小型坝	大中型坝	小型坝	合计拦沙
皇甫川（陕西片）	74	131	3 211	592	3 803
孤山川	76	325	3 571	1 190	4 761
窟野河（陕西片）	204	668	6 581	2 673	9 254
秃尾河	225	504	8 629	1 975	10 604
佳芦河	151	637	6 377	2 748	9 125
无定河	3 392	8 038	185 991	32 467	218 738
清涧河	675	2 819	30 432	10 848	41 258
延河	494	5 291	23 185	11 048	34 233
云岩河	26	539	1 204	1 213	2 417
仕望川	3	194	69	700	769
河龙间其他支流	608	5 530	26 070	16 692	42 762
以上合计	5 928	24 676	295 320	82 146	377 722

注：本表小型淤地坝数据来自"陕北地区淤地坝普查技术总结报告"（1993 年），陕西省水土保持局等。

（2）与陕北情况相似，20 世纪 80 年代以前的河龙区间山西片也是淤地坝建设的"主战场"，至 1989 年共建成淤地坝约 13 620 座，但山西该时期建成的淤地坝基本上是小型坝，大中型坝只有 54 座。参考陕北小型坝的单坝拦沙量（3.165 万 t/座）、河龙区间陕西片和山西片的实际侵蚀模数［70 年代分别为

22 000 t/(km² · a)和 10 000 t/(km² · a)],推算河龙区间山西片小型坝总拦沙量为 1.95 亿 t。

也就是说,至 1989 年,河龙区间淤地坝总拦沙量应为 39.7 亿 t。然而,按表 4-10 中的冉大川成果,1956~1989 年,包括内蒙古、山西和陕西在内的河龙区间全部淤地坝拦沙量只有 32.54 亿 t。

鉴于此,以下利用河龙区间内蒙古和山西两省(自治区)的大中型淤地坝建成时间和控制面积等信息,以及 20 世纪 90 年代初陕西水土保持部门的淤地坝普查成果,对冉大川等专家的成果进行适当修正。

第一,利用淤地坝建成时间和控制面积信息,分析河龙区间内蒙古和山西片淤地坝的拦沙量。对比图 4-14 和图 4-16 可见,20 世纪 90 年代以前,晋、蒙两省(自治区)在河龙区间的大中型淤地坝很少。至 1989 年,河龙区间内蒙古和山西境内只有 91 座骨干坝和 56 座中型坝,合计控制面积 945 km²(不含山西小型坝),主要分布在皇甫川、窟野河、浑河和河龙间晋西支流;至 1999 年,该区淤地坝控制面积为 3 282 km²(不含山西小型坝)。利用同期"淤地坝控制面积占相关支流水土流失面积的比例"和方法 3,可推算出河龙区间内蒙古片淤地坝和山西片大中型淤地坝在不同时期的拦沙量。

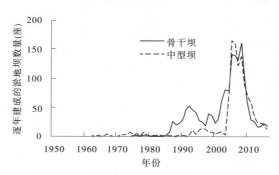

图 4-16　河龙区间内蒙古和山西片大中型淤地坝建成时间

第二,基于前文"河龙区间山西片小型坝 1989 年总计拦沙 1.95 亿 t"的分析结论,并参考冉大川成果陕北支流不同时期的淤地坝拦沙量比例(见表 4-10),可推算出晋西小型坝在不同时期的年均拦沙量。

第三,基于陕西省水土保持部门"河龙区间陕西片淤地坝 1989 年总计拦沙 37.77 亿 t"的实测结果,并参考冉大川成果不同时期的淤地坝拦沙量比例[扣除山西和内蒙古两省(自治区)的淤地坝拦沙量],推算出不同时期陕西淤地坝的年均拦沙量。

第四,利用河龙区间各支流 1990~1999 年实测输沙量(合计),对以上推算的 1990~1996 年淤地坝年均拦沙量按比例缩放。

通过以上步骤,表 4-12 给出了河龙区间淤地坝在不同时期的拦沙量推算结果。该结果趋势与冉大川成果一致,但拦沙量更大。

表 4-12　河龙区间淤地坝不同时期的拦沙量　（单位:万 t/a）

区域	1950~1959 年	1960~1969 年	1970~1979 年	1980~1989 年	1990~1999 年
皇甫川(内蒙古片)	0	0	252	513	740
窟野河(内蒙古片)	0	0	0	0	4
浑河流域	0	0	0	6	67
河龙间晋西支流(大中型坝)	0	0	51	143	720
河龙间晋西支流(小型坝)	70	530	1 028	710	150
河龙区间陕西片	1 586	7 424	18 159	12 685	8 126
河龙区间合计	1 656	7 954	19 490	14 063	9 869

4.6.2　2000~2019 年

2000~2019 年,是河龙区间植被改善最快的 20 年,也是河龙区间入黄沙量大幅度降低的 20 年,沙量由天然时期的 8.5 亿 t/a 降低至 1.36 亿 t/a。在此背景下,作为淤地坝和老淤地坝最多的区域,河龙区间自然成为淤地坝减沙作用研究的重点区域。因该区淤地坝情况非常复杂,以下采用多种方法相结合,推算 2000~2009 年和 2010~2018 年河龙区间淤地坝拦沙量。

（1）利用河龙区间 1997~2006 年和 2007~2011 年的已有淤地坝调查成果与实测沙量的比值,以及 2000~2009 年和 2010~2018 年的实测输沙量,按比例推算拦沙量。

为摸清淤地坝对该区入黄沙量锐减的贡献,国家"十一五"和"十二五"科技支撑计划均投入了大量人力、财力和精力,分别利用 1997~2006 年坝地面积变化数据、2011 年水利普查获取的每座骨干坝的实际淤积量数据,对该区淤地坝在 1997~2006 年和 2007~2011 年的实际拦沙量进行了深入调查和分析,结果表明,1997~2006 年和 2007~2011 年,河龙区间淤地坝拦沙量分别为 9 842 万 t/a 和 6 332 万 t/a。

基于各支流 1989 年、2008 年和 2011 年各支流淤地坝数量、控制面积和已淤积量等信息,我们对"十一五"和"十二五"两套成果进行了复核,结果发现:

①至 2011 年,云岩河和仕望川均没有骨干坝,其 65 座中型坝和 80% 的小型坝全部分布在侵蚀模数不足 400~800 t/(km² · a)的森林区,只有 179 座的小型坝分布在云岩河下游,因此估计云岩河和仕望川在 1997~2006 年的淤地坝拦沙量应不超过 21 万 t/a 和 1 万 t/a,即"十一五"成果可能偏大 550 万 t/a。

②"十二五"提出的偏关河和屈产河成果可能偏小约 600 万 t/a,分别漏计

了961座小型坝和653座小型坝。2000~2009年,偏关河年均拦沙量应约393万 t/a,屈产河年均拦沙量应约500万 t/a。

③除列出的21条支流外,河龙区间还有大片的未控区,其天然时期产沙量约占河龙区间的16.7%(扣除支流把口水文站以上区域)。对比"十一五"成果,其未控区淤地坝拦沙量仅占总量的6%,说明严重偏小。"十二五"项目的有控区是18条支流,未控区产沙区天然沙量占20.5%,对照该成果给出的未控区淤地坝拦沙占河龙区间总量的比例(21.4%),认为结论基本合理。

根据以上分析,对"十一五"和"十二五"拦沙量成果进行了修正,分别应约 10 500 万 t/a 和 6 900 万 t/a。进而,基于同期河龙间入黄沙量,按比例推算,得到2000~2009年和2010~2018年的淤地坝拦沙量,分别约 11 110 万 t/a 和 10 600 万 t/a。

(2)利用无定河"7·26"大暴雨实测淤地坝拦沙量、鄂尔多斯淤地坝普查数据、典型支流抽样调查、2011年水利普查和有效淤地坝控制面积等信息,推算拦沙量。

①2017年3~4月,鄂尔多斯市水土保持部门对其辖区内的全部淤地坝进行了逐坝实测调查,获取的数据包括每座淤地坝的总库容、地理位置、控制面积、建成时间、已淤积量(相当于截至2016年年底的淤积总量)和坝体结构等。图4-17是鄂尔多斯市1962年以来在皇甫川和窟野河逐年建成的淤地坝数量,由图4-17可见,其淤地坝绝大部分建成于2005~2007年以后。根据这个特点,将2006~2008年建成的淤地坝作为样本,利用其截至2016年年底的淤积总量和控制面积等信息,可推算出境内皇甫川和窟野河的全部淤地坝在2007~2016年的年均淤积量,分别为 1 107 万 t/a 和 251 万 t/a。据此,可以推算鄂尔多斯市境内的皇甫川和窟野河在2010~2018年的拦沙量,分别为 1 190 万 t/a 和 274 万 t/a。

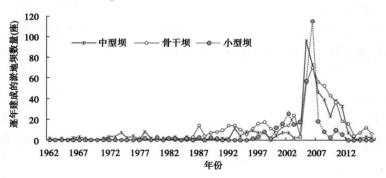

图 4-17　鄂尔多斯市河龙区间淤地坝的逐年建成数量

利用2011年水利普查数据和2016年鄂尔多斯淤地坝普查数据,采用方法1,可推算出鄂尔多斯市境内的皇甫川和窟野河在2000~2009年的拦沙量,分别为357万t/a和322万t/a。

通过比对鄂尔多斯市多个时间节点的淤地坝资料,加之实地调研,认为其淤地坝数据基本可靠。

②利用2011年水利普查数据和2007年前后新建淤地坝截至2016年年底的淤积量实测数据,采用方法1和方法5,推算河龙区间黄河以东地区的淤地坝拦沙量。

该区的大中型淤地坝和内蒙古小型坝基本上建成于20世纪90年代,目前几乎均为有效坝。河龙区间山西片的小型坝85%以上建成于1979年以前,目前几乎全部淤满,仍能够发挥拦沙作用的主要是1990年以来的新建坝。总之,该区的有效淤地坝的识别工作相对简单。

研究期间,按照每25 km²一座坝的密度,我们实地抽测了30座2007年前后新建坝的淤积量,采用方法4,推算了河龙区间山西片淤地坝在2010~2018年的年均拦沙量,结果为2 842万t/a。同时,利用水利普查数据,仍然以2007年前后新建坝为样本,也推算了该区淤地坝在2010~2018年的年均拦沙量,结果为2 890万t/a。两套方法得到的结果几乎相同,也说明山西片的水利普查数据基本可靠。

进而,基于2011年水利普查数据,采用方法1,并参考样本坝实测数据,可推算出河龙区间黄河以东地区淤地坝在2000~2009年和2010~2018年的年均拦沙量,分别为2 235万t/a和3 075万t/a,详见表4-13。

表4-13　河龙区间黄河以东地区淤地坝年均拦沙量测算结果　（单位：万t/a）

支流名称	2000~2009年	2010~2018年	支流名称	2000~2009年	2010~2018年
浑河	450	232	湫水河	88	244
偏关河	138	115	三川河	290	121
县川河	322	201	屈产河	168	79
朱家川	236	30	昕水河	198	93
岚漪河	345	——	河东地区合计	2 235	3 075

采用方法3,基于水文站实测输沙量、水文控制区面积和淤地坝控制面积,也可推算淤地坝的拦沙量,见表4-14。将方法3推算的结果与表4-13对比可见,方法3的结论明显偏小。事实上,这样的现象在前文讨论的其他地区均有,尤其是2010年以后差别更明显,其原因我们将在后面章节分析。为与其他地区的分析口径一致,我们推荐采用方法1和方法2的分析结论。

表 4-14　河龙间晋西支流 2000 年以来淤地坝拦沙作用分析结果

项目	采用方法 1 的推算结果		采用方法 3 的推算结果	
	2000~2009 年	2010~2018 年	2000~2009 年	2010~2018 年
年均拦沙量(万 t/a)	2 139	3 075	701	1 068

③对于老淤地坝集聚的陕北支流,综合利用 2017 年无定河"7·26"大暴雨区的淤地坝调查成果、部分支流 2011 年水利普查成果和本项目实测的 2007年前后新建淤地坝拦沙实测成果,推算拦沙量,思路如下:

第一,利用 2011 年水利普查数据和 2008 年淤地坝安全大检查数据,并参考 1989 年陕北淤地坝普查数据,根据第 3 章提出的有效淤地坝识别方法,分析现状年各支流(区域)的有效坝控面积,并计算有效坝控面积占流域水蚀面积的比例。

第二,基于水利普查数据,利用方法 1,推算 2000~2009 年拦沙量。认真复核数据发现,有条件利用该方法的,只有皇甫川(陕)、窟野河(陕)、秃尾河。其他陕北支流老坝太多,真正 2000 年以来新建坝数量太少,从而使样本坝数量不能满足要求。

此外,对于皇甫川(陕),还可以采用 2011 年水利普查数据,推算 2010~2018 年拦沙量。

第三,采用本书实测的 2007 年前后新建坝的实测拦沙量,采用方法 4,推算 2010~2018 年拦沙量。认真复核数据发现,有条件利用该方法的,有佳芦河、清涧河和延河。与鄂尔多斯市的皇甫川和窟野河比起来,由于样本坝数量偏少,故计算精度偏低。

第四,对于陕北大部分支流,可利用无定河"7·26"暴雨区淤地坝提炼出的淤地坝拦沙量与水文站输沙量之间的响应关系(见图 4-1),采用方法 5,推算 2010~2018 年淤地坝拦沙量。无定河中下游是老淤地坝集中的地方,"7·26"暴雨区淤地坝的实际拦沙调查成果显然可为陕北淤地坝的近年拦沙作用评价提供非常难得的好条件。其中,无定河 2010~2018 年拦沙量分析可以直接采用 7 条流域调查成果类推。

第五,以上思路,针对具体支流的具体时段,可能会得到 2 个以上的拦沙量计算结果,因此需要根据不同方法的弊病和基础数据可靠性,确定推荐的拦沙量成果。

第六,对于河龙区间陕西片的未控区,可借用 1989 年以前该区淤地坝拦沙量占陕北片总拦沙量的比例(与陕北典型支流淤地坝总拦沙量的关系),推算其拦沙量。

表 4-15 是典型支流采用不同方法得到的拦沙量推算结果。原则上,对于具体时段,采用两种方法计算结果的平均值,作为推荐成果。

表 4-15　河龙区间陕西片 2000～2018 年淤地坝拦沙量推算结果　（单位:万 t/a）

区域	2000～2009 年拦沙量		2010～2018 年拦沙量		
	方法 1	方法 5	方法 1	方法 4	方法 5
皇甫川(陕)	75	不宜用于砒砂岩区	275	—	不宜用于砒砂岩区
窟野河(陕)	282	输沙量极少	61	—	输沙量极少
孤山川	新坝太少	13.2	无新坝		2
秃尾河	289	281	新坝太少	样本坝太少	245
佳芦河	新坝太少	159	新坝太少	184	215
无定河	新坝太少	5 655	新坝太少	样本坝太少	3 028
清涧河延川以上	新坝太少	2 162	新坝太少	329	412
延河甘谷驿以上	新坝太少	1 275	新坝太少	847	649
云岩河	20	淤地坝很少	70	—	淤地坝很少
仕望川	9	淤地坝很少	10	—	淤地坝很少
陕北未控区	1 155		619		

以上通过对河龙区间各支流分类处理,可以得到河龙区间 2000～2009 年和 2010～2018 年的淤地坝拦沙量,分别为 13 916 万 t/a 和 10 164 万 t/a(见表 4-16)。

表 4-16　不同方法推算的河龙区间淤地坝拦沙量

时段	第一种方法(万 t/a)	第二种方法(万 t/a)
2000～2009 年	11 110	13 916
2010～2018 年	10 600	10 164

表 4-16 是以上两种不同处理方法得到的计算结果。由表 4-16 可见,两种方法均认为 2000～2009 年的淤地坝拦沙量大于 2010～2018 年,这与河龙区间实测输沙量变化情况基本一致:2000～2009 年和 2010～2018 年,河龙区间入黄沙量分别为 18 018 万 t/a、9 484 万 t/a。

对于 2000～2009 年的河龙区间淤地坝拦沙量,考虑到"十一五"成果是以坝地面积变化为基础得到的成果,也具有较强的可信度,但没有考虑 2007～2009 年新建淤地坝的拦沙量,故偏小。本次研究对陕北支流的处理相对粗放,尤其是佳芦河—延河区间淤地坝密集的地区,实际主要参考无定河"7·26"暴雨区的经验,而f值又与当时的林草梯田覆盖率关系密切;无定河"7·26"暴雨发生在2017年,该年的林草状况已远远好于2000~2009年的平均值,因此参考无定河经验得出的拦沙量有可能偏大。鉴于此,我们推荐采用两种方法计算成果的平均值作为推荐成果,即12 513万t/a。

在"十二五"期间推算拦沙量时,实际可利用的基础数据是截至2011年的部分淤地坝拦沙量数据,而2011年以来林草植被大幅改善,采用2007~2011年的拦沙数据推算2010~2018年的拦沙量未免牵强。考虑到本次研究对每条支流都采用多种方法比对,因此对于2010~2018年的河龙区间淤地坝拦沙量,推荐采用第2种方法的成果,即10 164万t/a。

基于以上分析,图4-18给出了河龙区间淤地坝在不同时期的拦沙量,以及相应时期的河龙区间入黄沙量。由图4-18可见,在20世纪50年代至60年代,虽然淤地坝年均拦沙量达到数千万吨,但其占流域产沙的比例不大,因此人们常将该时期视为"天然时期"。20世纪70年代以来,淤地坝拦沙作用越来越大、河龙区间入黄沙量越来越小,至2010~2018年二者几乎相等。

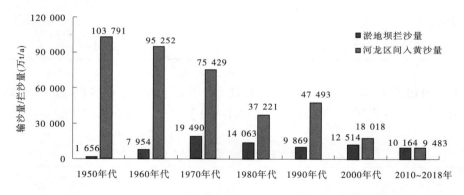

图4-18　1950~2018年河龙区间淤地坝拦沙量和入黄沙量变化

4.7　不同时期拦沙量分析结果

以上充分利用不同渠道获取的数据,针对相应时期的下垫面特点,采用多种方法相结合,推算了黄河潼关以上黄土高原淤地坝在1960~2018年不同时期的拦沙量,结果见表4-17、表4-18和图4-19。由图表可见,淤地坝所拦泥沙的绝大部分集中在河龙区间,20世纪80年代以前集中度更高,这与黄土高原淤地坝的时空分布一致;由于产沙最剧烈,70年代拦沙量达21 153万t/a,是过去60年拦沙最多的时段。2010~2018年,潼关以上淤地坝年均拦沙13 722万t/a,其中黄河主要产沙区13 410万t/a,占97.7%。

表 4-17　黄土高原淤地坝拦沙作用分析结果　　　（单位：万 t/a）

区域	1960~1969 年	1970~1979 年	1980~1989 年	1990~1999 年	2000~2009 年	2010~2018 年
湟水	0	0	2	12	119	230
洮河	0	0	0	0	36	25
祖厉河	0	0	19	74	172	80
清水河	0	0	15	93	151	175
十大孔兑	0	0	0	56	173	348
河龙区间	7 954	19 490	14 063	9 869	12 513	10 164
北洛河上游	250	1 333	716	1 158	940	495
汾河上游	0	0	18	78	156	77
泾河上中游	40	104	408	628	883	1 443
渭河上游	0	38	52	106	399	357
潼关以上合计	8 284	21 153	15 458	12 358	15 854	13 722

表 4-18　河龙区间典型支流淤地坝拦沙量分析结果　　　（单位：万 t/a）

区域	1950~1959 年	1960~1969 年	1970~1979 年	1980~1989 年	1990~1999 年	2000~2009 年	2010~2018 年
皇甫川	1.4	44	441	659	943	430	1 465
孤山川	5	69	250	155	150	13	2
窟野河	6	80	530	320	344	574	335
秃尾河	30	90	555	413	354	254	245
佳芦河	46	206	405	256	267	142	199
无定河	894	4 400	10 080	6 500	3 561	5 030	3 028
清涧河	174	855	1 755	1 265	693	1 900	370
延河甘谷驿以上	150	642	1 408	1 223	497	1 110	748
云岩河	2	69	84	96	58	27	70
仕望川	0	15	32	4	4	9	8
浑河	0	0	0	6	67	420	233
山西支流	70	530	1 079	853	870	1 605	2 842
陕北未控区	270	830	1 900	1 328	712	1 000	619
河龙区间合计	1 656	7 954	19 490	14 063	9 869	12 513	10 164

注：延河 2000~2018 年拦沙量计算结果可能偏大。

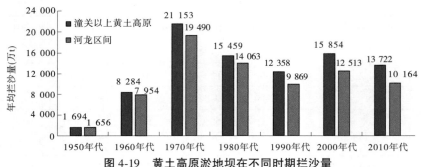

图 4-19 黄土高原淤地坝在不同时期拦沙量

截至 2018 年,潼关以上黄土高原淤地坝共拦截泥沙 84 亿 t。河龙区间是库存泥沙最多的地区,见图 4-20;如果忽略以往暴雨期间水毁排沙量,其目前的储量已达 74.7 亿 t,占黄土高原总量的 89%。无定河流域是淤地坝拦沙量最多的支流,目前总量达 33.2 亿 t,占黄土高原总拦沙量的 39.5%。陕西省是目前淤地坝拦截泥沙最多的省份,目前总量达 70.1 亿 t,占黄土高原总拦沙量的 82.5%。

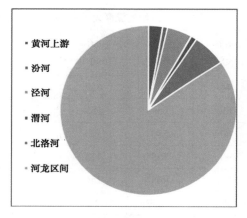

图 4-20 黄土高原淤地坝迄今总拦沙量的空间分布

由前文图 2-6 可知,2011 年以来,黄土高原淤地坝建设步伐大幅度放缓,新建坝仅约现状总量的 2%。因此,2010~2018 年的淤地坝拦沙量及其空间分布对判断未来 10~20 年的拦沙形势具有更重要的意义。本章计算表明,2010~2018 年,潼关以上黄土高原淤地坝年均拦沙 1.37 亿 t/a,其中黄河主要产沙区 1.34 亿 t/a,占 97.7%。图 4-21 是该时段拦沙量的空间分布,由图 4-21 可见,河龙区间贡献率达 74.1%。

图 4-22 是各省(自治区)不同类型淤地坝的拦沙贡献率。其中,青海、甘肃和山西三省是淤地坝在 2000~2011 年的拦沙量数据,宁夏和内蒙古是 2007~2016 年的拦沙量数据。因老旧淤地坝太多,且统计数据质量欠佳,难以

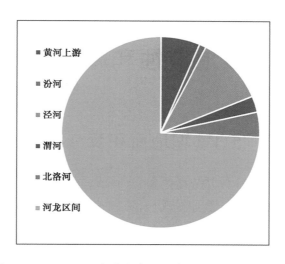

图 4-21　2010~2018 年黄土高原淤地坝拦沙量的空间分布

准确给出陕西省的拦沙量分布情况,仅给出两条典型支流情况,其中无定河数据是 2017 年"7·26"暴雨的实测结果。由图 4-22 可见,骨干坝是拦沙的主体,除陕北支流外,其他均在 70%~89%;中型坝次之,小型坝贡献最小。由于陕北淤地坝拦沙量占研究区淤地坝总拦沙量的比例接近 50%,因此,从潼关以上黄土高原的平均水平看,骨干坝拦沙贡献率为 66.5%,中型坝为 30.6%,小型坝为 2.9%。

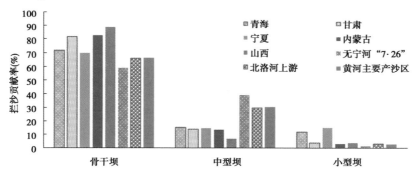

图 4-22　现状年不同类型淤地坝的拦沙贡献

对于陕北支流,由于早年建成的不少老中型坝仍在发挥作用,因此骨干坝拦沙贡献率较其他地区偏低。从表 3-17 可知,2008 年,对于 1989 年以前所建的老坝,其中的有效骨干坝淤积比普遍达到 60%~66%,中型坝达到 70%~76%。而从拦沙量计算结果可知,2010~2018 年,陕北支流淤地坝拦沙量较 2008 年以前增加 11%~12%,按此淤积速率预测,2030 年前后,将有 95% 的陕北老坝退出拦沙舞台。目前,陕北老坝拦沙量占潼关以上总拦沙量的 28%。

5 坝地减蚀和减水作用

5.1 坝地面积及分布

淤地坝不仅具有拦沙作用,其拦沙所形成的坝地还可使被占压的沟谷免受侵蚀,并通过抬高侵蚀基准面而减轻沟谷的重力侵蚀,通过削减洪峰和降低出库含沙量而改变下游河床的冲刷量,进而减少流域产沙。显然,这样的减蚀作用与坝地是否耕种无关,甚至坝体局部水毁也不影响坝地减蚀作用的发挥。

据第一次全国水利普查数据,截至 2011 年年底,潼关以上黄土高原共有坝地面积 820 km²,其中,河龙区间 702 km²,占其水蚀面积的 0.85%。另据水土保持管理部门 2012~2019 年的统计数据,至 2019 年年底,潼关以上共有坝地面积 1 016 km²。其中,河龙区间 816 km²,约占其水蚀面积的 1%。表 5-1 是研究区典型支流(区域)2011 年和 2019 年的坝地面积。

表 5-1　潼关以上典型支流现状坝地面积

区域	支流名称	水蚀面积 (km²)	2011 年坝地 面积(km²)	2019 年坝地 面积(km²)	2019 年坝地占水蚀 面积的比例(%)
河龙 区间	皇甫川	2 726	23.84	26.18	0.96
	孤山川	1 234	5.76	6.97	0.57
	窟野河	4 809	29.35	35.99	0.75
	秃尾河	998	26.11	33.41	3.35
	佳芦河	711	18.88	21.32	3.00
	浑河	4 510	9.37	9.91	0.22
	偏关河	1 764	1.40	1.48	0.08
	县川河	1 289	9.43	10.17	0.79
	湫水河	1 949	41.25	44.07	2.26
	无定河	11 363	214.15	252.47	2.22
	清涧河	3 950	69.10	84.82	2.15
	延河	7 548	81.04	85.77	1.14
	三川河	4 043	13.59	15.92	0.39
	屈产河	1 208	10.67	12.67	1.05
	昕水河	3 532	6.44	10.52	0.30
	河龙区间	82 555	702.29	816.42	0.99
北洛河上游		7 300	21.50	23.81	0.33
汾河流域		8 600	31.24	69.44	0.81
泾河流域		24 700	25.66	50.82	0.09
渭河上游		24 100	11.58	15.48	0.05
潼关以上黄土高原			820.00	1 016.00	

河龙区间是坝地最多的地区，也是老旧淤地坝集聚区。由表 5-1 可见，2011~2019 年，河龙区间坝地面积增加了 16.2%，该值与 2010~2018 年该区库存沙量的增幅"15.6%"基本一致（见表 4-17）。由此可见，前文计算的河龙区间淤地坝面积近年来基本合理。

图 5-1 是研究区现状坝地的空间分布。由图 5-1 可见，现状坝地主要集中在河龙区间的陕北地区，其坝地面积占水蚀面积的比例一般在 1%~3%，尤以无定河中下游—乌龙河—佳芦河—秃尾河下游—窟野河下游一带的黄土丘陵区最多，其坝地面积占比一般达 2%~2.5%。位于无定河左岸的绥德韭园沟小流域是黄土高原坝地最多的地区，目前其坝地面积占比达 3.7%。

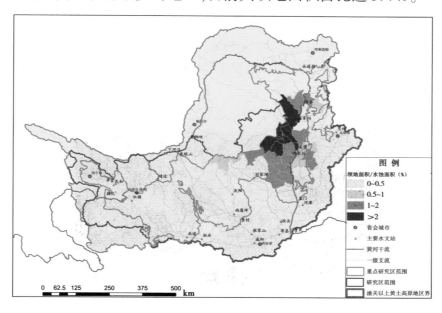

图 5-1　研究区坝地分布密度

5.2　减蚀作用的定性分析

目前，黄土高原的淤地坝主要分布在黄土丘陵第 1 副区和第 2 副区，该区地形如图 5-2 所示。在坡面植被很差、梯田极少的 20 世纪六七十年代，这些地区（峁边线以下）沟谷地产沙量一般可达流域沙量的 50%~60%。理论上，淤地坝拦沙所形成的"坝地"能够完全遏制其淤积面以下的沟谷产沙，并降低淤积面上方重力侵蚀的风险，减轻坝下沟床冲刷，其中后者可称为坝地的"异地减蚀"作用。

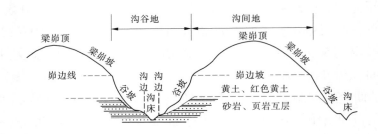

图 5-2 黄土丘陵区沟道小流域的地形 (龚时旸,1979)

统计和实地调查表明,陕北现状大、中、小型淤地坝的坝高一般为 20~30 m、10~20 m 和 5~10 m,该高度通常不足当地峁边线高度的 1/4~1/2 (见图 5-3)。而且,淤地坝滞洪拦沙对下游河床的减沙作用是不确定的,既有削减洪水流量所产生的河床减冲作用,又有含沙量降低、水流挟沙力富余可能导致的增冲作用。

图 5-3 陕北典型坝地

选择淤地坝集中分布的陕北支流,定性分析坝地对流域产沙的削减作用。表 5-2 是该区典型支流在 20 世纪中后期的主要下垫面信息,表中"梯田占比"和"坝地占比"分别指梯田或坝地面积占流域水蚀面积的比例。由表 5-2 可见,1979~1996 年,该区林草覆盖状况总体上略有改善,但无定河中下游和佳芦河流域梯田已有一定规模,最终使林草梯田覆盖率由 20.2% 增大到 23.6%;至 1996 年,该区坝地面积占水蚀面积的平均比例为 1.23%,其中无定河中下游和佳芦河流域达到 1.6% 左右。

图 5-4 是陕北支流 20 世纪 50 年代至 90 年代的产沙指数变化,其中产沙指数是指单位有效降雨在单位面积上的产沙量,单位 $t/(mm \cdot km^2)$。

表 5-2　陕北典型支流下垫面信息

支流名称	数据时段	林草覆盖率（%）	梯田占比（%）	林草梯田覆盖率（%）	坝地占比（%）
秃尾河 高家堡—高家川区间	1979 年	10.2	2.2	12.4	0.62
	1996 年	12.5	4.6	17.1	1.35
佳芦河 申家湾以上	1979 年	10.2	6.1	17.3	0.88
	1996 年	12.5	9.5	22.0	1.47
无定河 丁家沟—白家川区间	1979 年	11.3	4.1	15.4	1.04
	1996 年	15.0	9.7	24.7	1.55
大理河 绥德以上	1979 年	9.9	1.3	11.2	0.65
	1996 年	14.5	3.8	18.3	0.93
清涧河 延川以上	1979 年	23.2	1.6	24.8	0.93
	1996 年	21.3	2.7	24.0	1.37
延河 甘谷驿以上	1979 年	23.2	1.7	24.9	0.50
	1996 年	24.4	4.8	29.2	0.72
陕北 5 支流合计	1979 年	17.6	2.6	20.2	0.80
	1996 年	17.4	6.5	23.6	1.23

注:大理河是无定河的一级支流,在丁家沟断面下游 2 km 处注入无定河。

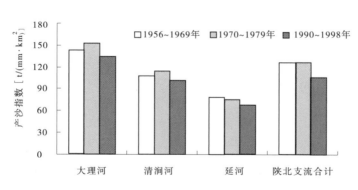

图 5-4　陕北支流产沙指数变化

由图 5-4 可见:

(1)与梯田极少的 1956～1969 年(因无遥感信息,同期林草覆盖率不详)相比,尽管 20 世纪 70 年代该区梯田占比已达 2.13%,坝地占比达 0.57%,但其 70 年代产沙指数较 1956～1969 年变化不大,大理河和清涧河流域的产沙指数甚至更高,说明新增梯田和坝地的减蚀作用已被林草退化所抵消。

（2）20 世纪 90 年代,该区坝地占比平均为 1.2%,产沙指数较 70 年代偏低 16.9%,由表 5-2 可知,同期梯田面积占比为 6.5%,林草覆盖率与 70 年代相近。采用刘晓燕(2014)提出的梯田减沙计算方法,计算得到 90 年代梯田的减沙作用为 12.3%,进而推断 90 年代坝地的减沙作用为 4.6%。对照同期坝地面积占比"1.2%"可见,坝地减沙作用的"空间影响范围"可大体达自身面积的 3.8 倍。刘晓燕(2014)和高云飞(2020)研究发现,水平梯田的减沙作用范围可以达其自身面积的 2~2.5 倍。将坝地与梯田对比可见,从流域减沙角度,坝地可视为超高质量的水平梯田——减沙作用范围达自身面积的 3.8 倍!

在林草梯田覆盖状况变化很小的 20 世纪中后期,河龙间淤地坝集聚区的产沙模数为 1 万~2 万 t/(km² · a),因此估计 90 年代 600 km² 的坝地可减少产沙约 4 000 万 t。不过,2000 年以来,随着大规模梯田投运和林草植被大幅改善,梁峁坡下沟的径流量大幅减少,进而降低了沟谷的侵蚀产沙动力。同时,沟谷植被的大幅改善,也使其自身的抗蚀能力大幅提高。因此,单位面积坝地的实际减蚀作用会较 90 年代下降,该推测在韭园沟等典型小流域 2009年以来的产沙情况得到证明。

绥德韭园沟流域(把口断面以上流域面积 70.1 km²)和裴家峁流域(把口断面以上流域面积 39.5 km²)是两条紧邻的无定河一级支流,其地形和地表土壤基本相同,天然时期产沙模数约 18 000 t/(km² · a)。1982 年以来,两流域植被状况基本相同,且逐渐改善,2009 年以后基本稳定,见图 5-5;2012 年,梯田面积占旱耕地面积的比例分别为 22% 和 23%。截至 2009 年年底,韭园沟流域共建成淤地坝 217 座,坝地面积 2.52 km²(坝地面积占比为 3.6%);裴家峁流域有 63 座淤地坝,坝地面积 0.24 km²,占比 0.6%。由此可见,两流域是研究坝地减蚀作用的理想流域。

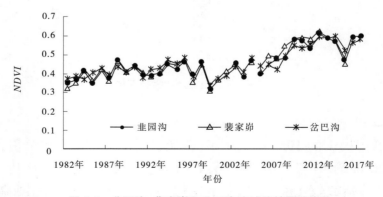

图 5-5　韭园沟、裴家峁和岔巴沟流域植被覆盖变化

2009~2016 年,韭园沟流域和裴家峁流域的年均有效降水量 P_{25} 分别为 202.8 mm 和 189.2 mm,较多年均值偏丰约 26%。实测年均输沙量分别为 8 547 t 和 29 818 t,相应的输沙模数为 121 t/(km²·a) 和 755 t/(km²·a),折算成相同降水条件的输沙模数分别为 121 t/(km²·a) 和 810 t/(km²·a),分别较其天然时期减少 99.3% 和 95.5%。目前,韭园沟淤地坝已实现对流域面积的全控制,故若还原淤地坝的拦沙量,两流域产沙模数较天然时期的减幅之差更小,见表 5-3。表中 P_{25} 指日降水大于 25 mm 的年降水总量。

表 5-3 不同淤地坝规模下的典型小流域产输沙对比

名称	流域面积 (km²)	淤地坝密度 (座/km²)	坝地面积占流域面积的比例 (%)	2009~2016 年实测结果		
				降水量 P_{25} (mm/a)	输沙量 (t)	输沙模数 [t/(km²·a)]
韭园沟	70	2.77	3.6	202.8	8 547	121
裴家峁	39.5	0.92	0.6	189.2	29 818	755
岔巴沟	187	1.2	2.7	180.0	100 300	536

岔巴沟流域(把口断面流域面积 187 km²)与以上两流域相距约 30 km,土壤、植被和梯田状况相近,现有 170 座淤地坝,坝地面积约 5 km²。2009~2016 年,在流域年均降水量 P_{25} 为 180 mm 情况下,岔巴沟年均输沙量 10.03 万 t,输沙模数 536 t/(km²·a);若还原淤地坝拦沙量,岔巴沟流域的产沙模数也与裴家峁流域接近。

总之,与天然时期的背景值相比,3 条流域现状产沙模数的减幅相差很小。

2017 年无定河"7·26"大暴雨期间,韭园沟、裴家峁、岔巴沟流域的面平均降水量分别为 160.5 mm、156.7 mm、177.8 mm,实测输沙量分别为 14.15 万 t、29.85 万 t、88 万 t。还原淤地坝拦沙量,并扣除淤地坝水毁排沙量或建筑弃渣入河量后,三条流域的产沙强度分别为 12 738 t/km²、9 925 t/km²、8 125 t/km²,仍然看不出坝地密度不同对流域产沙的影响。

由此可见,在小流域"上游"林草梯田覆盖率大幅改善的背景下,"下游"坝地的减沙能力难以充分发挥。不过,淤地坝仍可继续为当地群众提供优良耕地、用水和交通便利。

5.3 坝地减蚀量估算

有关坝地的减蚀作用,迄今可以看到的研究文献并不丰富。以绥德韭园沟关地沟 4 号坝为例,高海东(2017)采用 RUSLE 计算认为,淤地坝淤满后,坝控范围内的侵蚀模数可降低 10%;异地减蚀作用会降低。马生祥(2005)认为,1953~1998 年,韭园沟流域坝地因占压沟谷导致的减蚀量为 3.8 万 t/a,占拦沙量的 6.4%,同时还减轻了重力侵蚀。

关于坝地减蚀量计算方法,冉大川(2004)认为,黄土丘陵沟壑区坝地的减蚀量可采用以下公式计算:

$$\Delta W_j = F \cdot W_{si} \cdot k_1 \cdot k_2 \tag{5-1}$$

式中:F 为坝地面积;W_{si} 为相应流域的侵蚀模数;k_1 为沟谷侵蚀量与流域侵蚀量之比,在黄土丘陵区其值约为 1.75,W_{si} 与 k_1 乘积的物理意义显然是指坝地所在地的沟道侵蚀模数,k_2 为库区泥沙淤积面以上沟谷侵蚀的影响系数,该值在有些地区大于 1,有些地区小于 1,平均可按 1 掌握。

曾茂林(1999)和李勉(2005)也对坝地减蚀问题进行了研究,所提出的计算方法与式(5-1)相似。

总体上看,有关坝地减蚀计算方法的共识是,坝地减蚀量与坝地面积和坝地所在沟谷的侵蚀模数成正比;坝地能够在一定程度上遏制重力侵蚀、减轻下游沟床冲刷。目前的认识差别主要在于坝地遏制重力侵蚀的"作用范围",即式(5-1)中的 k_2 取值,冉大川(2004)和曾茂林(1999)认为 k_2 大体为 1,但武哲(2007)认为应大于 1。

值得注意的是,许多坝地都存在"翘尾巴淤积"的现象。因此,武哲(2007)认为,在计算坝地减蚀量时,应将坝地面积适当修正,修正系数与小流域的面积有关,变化在 1.045~1.213。

基于式(5-1)和坝地所在地在天然时期的侵蚀模数,潼关以上黄土高原现状坝地应可减轻沟蚀 2 489 万 t/a,其中河龙区间 2 204 万 t/a,占 88.5%。不过,若按本书上节的分析结论"坝地减蚀作用的空间影响范围大体达自身面积的 3.8 倍",现状坝地在天然时期可减轻沟蚀 5 400 万 t/a,其中河龙区间近 4 800 万 t/a。

不过,在林草植被显著改善或大规模梯田投运的情况下,由于坡面径流下沟量大幅减少,沟谷产沙能力必然随之降低,由此导致的沟谷产沙能力最大可减少 50%~70%。同时,沟谷面自身的植被改善,也可减少其侵蚀产沙。因此,目前各地沟谷区的侵蚀模数已大幅降低,进而导致坝地的实际减蚀作用降低。

在天然时期,河龙区间陕西片、河龙区间山西片和北洛河上游的流域产沙模数分别为 15 000~23 000 t/(km² · a)、10 000~18 000 t/(km² · a) 和 11 500 t/(km² · a)。2017 年 3~5 月,我们曾在河龙区间、北洛河上游和马莲河上游选择 206 座 2007 年前后建成的淤地坝,实际测量了这些淤地坝的总拦沙量,结果发现:河龙区间陕西片、河龙区间山西片和北洛河上游的流域产沙模数平均约5 860 t/(km²·a)、4 200 t/(km²·a)和4 877 t/(km²·a),见表4-2,即分别减少了69%、63%和59%。样本坝均为近10年建成的新坝,库内形成的坝地面积极小。假定该产沙模数均为沟谷所为,按前文分析结论"坝地减蚀作用的空间影响范围大体达自身面积的3.8倍"推算,河龙区间和北洛河上游坝地的减蚀量分别约1 800万t/a和44万t/a,潼关以上黄土高原全部坝地减蚀量约2 100万t/a。

此外,我们还可以把坝地视为梯田,利用刘晓燕(2014)提出的梯田减沙计算方法,大致推算出现状坝地的减蚀量,总量为2 200万t/a,其中河龙区间约2 000万t/a。

综上分析可见,潼关以上黄土高原现有坝地1 016 km²,若在天然时期,这些坝地可减蚀5 400万t/a,其中河龙区间近4 800万t/a。但由于近年坡面植被大幅度改善和大量梯田建成运用,限制了小流域下部的坝地减蚀作用发挥,故目前只能减蚀2 100万~2 200万t/a,其中河龙区间1 800万~2 000万t/a。

毋庸讳言,以上推算的坝地减蚀量仍较为粗放。未来,需要寻求更多"林草梯田有效覆盖率和降雨条件相近,但坝地面积占比悬殊"的对比小流域,通过深入调查一定时段内的淤地坝拦沙量,摸清对比流域在相应时段的实际产沙量和产沙模数,进而更客观地认识坝地的减蚀作用。

5.4 骨干坝蒸发损失

实际蓄水运用的骨干坝数量、位置及蓄水运用时段是确定其新增蒸发损失的关键。

根据《水土保持综合治理技术规范沟壑治理技术》(GB/T 16453.3—1996)和《水土保持治沟骨干工程技术规范》(SL 289—2003)等相关技术规范,淤地坝在未淤满前,若兼有蓄水灌溉作用,其泄水建筑物应满足及时放足灌溉用水的需要,即一定时段的蓄水是允许的。2010年以后,为进一步保障淤地坝下游的防洪安全,有关方面颁布文件,严禁淤地坝蓄水运用;雨后坝内有蓄水时,要求及时排空。然而,由于研究区大多数地区水资源十分紧缺,这项规定在有些地区未被严格执行。

为全面了解骨干坝的蓄水情况,我们分别于2012年12月和2013年1月两次对甘肃、宁夏、内蒙古和陕西的16个县(区)进行了大范围专题调查,结果发现:在黄河中游地区被调查的4 798座骨干坝中,有895座骨干坝在蓄水运用,见表5-4。宁夏和甘肃骨干坝蓄水运用的比例最大,分别达到75.9%和57.9%,尤以宁甘结合部为甚,这与当地极度缺水的现实密切相关;山西和陕西骨干坝蓄水运用者最少,分别只有 6.4% 和 10.9%;内蒙古淤地坝蓄水运用的比例平均为 23.6%,但皇甫川流域骨干坝蓄水运用的比例较大。图 5-6 为研究区典型支流骨干坝的蓄水比例。

表 5-4 研究区相关省(自治区)骨干坝蓄水比例调查结果

省(自治区)	市	骨干坝总量(座)	蓄水骨干坝数量(座)	蓄水比例(%)
甘肃	庆阳	304	157	51.6
	平凉	39	38	97.4
	定西	58	36	62.1
	天水	19	12	63.2
	小计	420	243	57.9
内蒙古	乌兰察布	25	2	8.0
	呼和浩特	167	33	19.8
	鄂尔多斯	427	111	26.0
	小计	619	146	23.6
宁夏	固原	204	155	76.0
	吴忠	16	12	75.0
	小计	220	167	75.9
陕西	榆林	1 821	108	5.9
	延安	601	159	26.5
	铜川	4	0	0
	渭南	17	3	17.6
	宝鸡	21	0	0
	咸阳	18	1	5.6
	小计	2 482	271	10.9
山西	晋中市	13	5	38.5
	临汾市	306	30	9.8
	吕梁市	292	15	5.1
	朔州市	26	2	7.7
	太原市	43	5	11.6
	忻州市	366	10	2.7
	运城市	11	1	9.1
	小计	1 057	68	6.4
合计		4 798	895	18.7

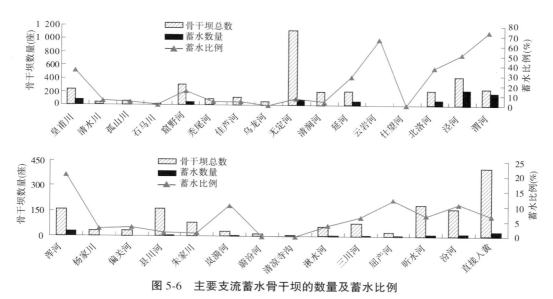

图 5-6   主要支流蓄水骨干坝的数量及蓄水比例

骨干坝蓄水时段通常在 7 月末至翌年 6 月前,有些甚至长期蓄水。在绝大部分地区,骨干坝的蓄水主要用于农业灌溉或养殖;但在皇甫川和窟野河流域,部分骨干坝的蓄水被当地煤炭企业统一收集用于工业生产。

在基本摸清骨干坝蓄水运用数量和时段的基础上,分别利用 Google Earth、实地测量和相关部门测量数据的采集等方式,提取了 678 座、28 座和 47 座骨干坝的水面面积,结果见表 5-5。

表 5-5   不同方式获取水面面积的骨干坝数量及其占蓄水骨干坝的比例

支流名称	蓄水骨干坝数量(座)	Google 查询		实测		调查	
		数量(座)	比例(%)	数量(座)	比例(%)	数量(座)	比例(%)
皇甫川	80	80	100.0				
清水川	2	2	100.0				
孤山川	2	2	100.0				
窟野河	46	46	100.0				
秃尾河	4	4	100.0				
佳芦河	4	4	100.0				
无定河	77	77	100.0				
清涧河	9	8	88.9	4	44.4		
延河	62	62	100.0	4	6.5		

支流名称	蓄水骨干坝数量(座)	Google 查询		实测		调查	
		数量(座)	比例(%)	数量(座)	比例(%)	数量(座)	比例(%)
云岩河	2	2	100.0				
北洛河	86	85	98.8	16	18.6		
泾河	226	139	61.5	4	1.8		
渭河	186	106	57.0				
浑河	32	32	100.0			2	6.3
杨家川	1	1	100.0				
岚漪河	3	3	100.0			3	100.0
湫水河	1	1	100.0			1	100.0
屈产河	3	0	0			3	100.0
昕水河	7	2	28.6			7	100.0
汾河	13	9	69.2			12	92.3
直接入黄	29	13	44.8			19	65.5
合计	875	678	77.5	28	3.20	47	5.4

根据以上获取的骨干坝数量及位置、水面面积和运用时段等信息,计算得到潼关以上蓄水运用骨干坝产生的蒸发损失量,为 2 888 万 m³,96% 集中在河口镇至潼关区间。

5.5 坝地的减水作用

实地调查了解到,黄土高原中小淤地坝极少蓄水运用。不过,所形成的坝地将增大当地蒸散发量。坝地的减水作用机制与梯田相近,两者的区别在于坝地有机会接纳更多的上游来水。

据尹传逊(1984)和张居敬(1982)在延安上砭沟隔坡梯田全坡面试验场观测,在梯田面积与坡地面积(坡度 25°)比例为 1:2、汛期降水量 642 mm 的情况下,全坡面产水仍可减少 91.5%,这说明梯田能够承纳 2 倍于自身面积的上方坡面产流。这个结论可以用于定量测算坝地的减水作用,即坝地减水量等于"3×当地多年平均径流深×坝地面积"。

由于坝地以上的梁峁坡和沟谷坡面积远远大于坝地面积的 3 倍,故流域产流环境变化对坝地减水作用的影响不大。

计算表明,潼关以上黄土高原 900 km² 坝地可减水 2.7 亿 m³/a。加上淤地坝蓄水导致的蒸发损失,现状淤地坝可年均减水约 3 亿 m³/a。显然,这个耗水量对黄河流域水资源供需形势影响不大。

6 淤地坝减沙作用讨论

6.1 淤地坝拦沙与黄河减沙的关系

6.1.1 问题的提出

在分析各区淤地坝在不同时期的拦沙量过程中,我们发现一个共性问题:对于 2000~2018 年的拦沙量,除丘 5 区的少数支流外,采用样本淤地坝实测淤积数据推算的拦沙量,几乎都远远大于方法 3(利用淤地坝控制面积、水文站控制面积和实测输沙量进行等比例推算)的计算结果。2010 年以来,该现象更加突出,见表 6-1。

表 6-1 不同方法提出的典型支流拦沙量结果对比

区域	2000~2009 年(万 t/a)		2010~2018 年(万 t/a)	
	采用 2011 年或 2018 年数据推算	水文比拟法	采用 2011 年、2016 年或 2018 年数据推算	水文比拟法
湟水流域	119	60	230	53
祖厉河流域	172	缺输沙量数据	80	18
十大孔兑	173	90~102	348	60~83
渭河拓石以上	399	200~250	357	200
北洛河上游	940	324	495	226
河龙区间山西片	1 605	701	2 842	1 068

进一步利用 2008 年、2011 年、2014 年、2015 年和 2017 年相关市、县的淤地坝调查成果,对相关支流淤地坝的数量、控制面积和近年实际拦沙量进行了分析统计,并同时采集了流域林草梯田覆盖率和把口断面实测输沙量数据,结果见表 6-2。为尽可能剥离水库拦沙的干扰,在计算支流的输沙模数时,还原了水库拦沙量,或尽可能选择水库很少的支流作为研究样本;为减少"老淤地坝近年拦沙量较难确定"因素的干扰,未将老淤地坝集中的无定河、清涧河和佳芦河纳入分析。由表 6-2 可见,无论是来沙较粗的十大孔兑、窟野河上游和皇甫川,还是来沙较细的典型黄土丘陵区支流,绝大多数支流的"产输比"都大于 1。这里所谓"产输比",是指水文站以上淤地坝控制区产沙模数与无控

区输沙模数的比值。

表 6-2　淤积坝拦沙量和实测输沙量对比

支流名称	水文站以上面积（km²）	数据系列	同期林草梯田覆盖率（%）	输沙模数 [t/(km²·a)]	淤地坝拦沙情况			产输比
					数量（座）	控制面积（km²）	产沙模数 [t/km²·a)]	
罕台川响沙湾以上	826	2010~2016 年	42.7	703	90	199.71	4 972	7.08
		1997~2008 年	26.4	1 087	32	86.72	3 379	2.78
毛不拉图格日格以上	1 036	2006~2016 年	34.4	398	70	177.47	1 501	3.77
		2000~2008 年	22.3	3 222	51	99.95	9 015	2.80
西柳沟龙头拐以上	1 157	2010~2016 年	42.6	940	107	262.65	6 217	6.61
		2006~2016 年	32.0	1 177	107	262.65	4 111	3.49
牸牛川新庙以上	1 527	2007~2016 年	37.5	453	238	406.1	3 919	8.65
		2000~2008 年	31.3	1 546	231	380.9	5 351	3.46
皇甫川皇甫以上	3 175	2010~2016 年	40.6	3 456	395	1 711.6	7 387	2.14
		2000~2008 年	32.1	8 077	394	1 546.3	11 324	1.40
延河延安以上	3 208	2007~2014 年	58.1	3 786	420	988.33	22 870	6.04
		2000~2008 年	43.6	6 272	165	629.07	6 528	1.04
北洛河刘家河以上	7 325	2007~2015 年	58.1	1 587	573	1 344.35	19 426	12.2
		2000~2008 年	43.9	4 025	216	666.86	9 218	2.29
偏关河偏关以上	1 896	2007~2011 年	64.1	541	48	155.44	5 077	9.38
		2000~2008 年	45.9	977	53	258.4	4 425	4.53
县川河旧县以上	1 562	2007~2011 年	52.7	620	221	925.78	3 331	5.37
		2000~2008 年	44.0	1 082	82	362.9	1 866	1.72

　　然而,这样的问题在 20 世纪后期并不明显。基于 1989 年数据,无定河中下游黄土丘陵区淤地坝总控制面积 7 666 km²,总拦沙量 21.83 亿 t,由此推算 1960~1969 年、1970~1979 年、1980~1989 年无定河淤地坝拦沙量分别为 4 400 万 t/a、10 080 万 t/a、6 500 万 t/a。进而,可推算出三个时期的产沙模数,分别约 25 820 t/(km²·a)、20 330 t/(km²·a)、8 770 t/(km²·a),30 年平均 18 307 t/(km²·a),这个产沙模数与人们对该区天然侵蚀环境的认识基本一致。

　　众所周知,40 多年来,黄土高原的林草植被覆盖率大幅提高,大规模梯田建成投运。原则上,产沙环境如此巨变,加之淤地坝削减洪峰和洪量,必然引起含沙水流演进规律变化。以上现象提示,由于下垫面环境变化,流域侵蚀、产沙和输沙的环境很可能也发生了变化。如果事实果真如此,将意味着淤地坝拦沙量大于由此导致的入黄泥沙减少量,即拦沙量>拦沙减沙量。

6.1.2 黄土丘陵区和砾质丘陵区

为深入认识流域下垫面变化对产输比的影响,以区域内没有水库或水库拦沙量已知、老旧淤地坝极少或其拦沙量已知、仍有拦沙功能的淤地坝控制面积不低于流域水蚀面积的 10% 为原则,选择砾质丘陵区和黄土丘陵区第 1~2 副区的典型支流,分别点绘了流域林草梯田覆盖率与产输比的关系,结果见图 6-1。图 6-1 中的砾质丘陵区支流包括十大孔兑中的西柳沟、罕台川和毛不拉,以及窟野河转龙湾及新庙以上地区;黄土丘陵区支流包括表 6-2 中的非砾质丘陵区支流,以及马莲河上游、朱家川、清凉寺沟、屈产河和昕水河等。图 6-1 共计采用了 31 个数据点,其中 16 个数据点的"有效淤地坝控制面积占流域水蚀面积的比例"为 20%~59%。

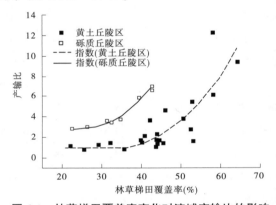

图 6-1 林草梯田覆盖率变化对流域产输比的影响

由图 6-1 可见:

(1)无论是地表土壤中黏性矿物较多、粗沙含量低的黄土丘陵区,还是地表土壤中黏性矿物极少、粗沙含量高的砾质丘陵区,均表现出相同的规律,即流域的"产输比"几乎都大于 1,而且随流域林草梯田覆盖率的增加而增大。

(2)砾质丘陵区的产输比均明显大于黄土丘陵区,这是来沙粒径不同使然。在砾质丘陵区,泥沙粒径大于 0.05 mm 者高达 60%~80%,其水流来沙中不仅有黄土,而且有大量风沙和小石子,后者极易沉降淤积;而在黄土丘陵区,粒径大于 0.05 mm 的粗泥沙含量只有 20%~30%。

砾质丘陵区的现象,与十大孔兑在不同河段的河床淤积物粒径组成变化相呼应。侯素珍等(2017)对西柳沟、罕台川和毛不拉的河床淤积物进行取样分析,结果发现,孔兑上游河床淤积物的中值粒径 D_{50} 是入黄口断面处的 21~

52 倍,甚至是库不齐沙漠风积沙的 9 倍以上。王普庆(2020)认为,在西柳沟流域,只有 18%～20% 的上游丘陵区产沙可进入黄河。

（3）在黄土丘陵区,当流域林草梯田覆盖率小于 35%～40% 时,产输比大体等于 1。在黄土高原严重水土流失区,林草梯田覆盖率为 10%～30% 恰是其 20 世纪中后期的总体状况,因此该时期流域所产泥沙基本上可以输送至黄河,淤地坝拦沙量与通过拦沙所导致的减沙量也大体相等。该结论与前人研究成果基本吻合:基于无定河中下游地区 20 世纪 60 年代的实测洪水数据,龚时旸(1979)分析了从流域毛沟、支沟和干沟,到各级支流把口断面的含沙量变化,发现暴雨洪水期间的含沙量始终维持在一个极高的量级上,他因此认为土壤侵蚀量与入黄泥沙量基本相等;利用 1970～1989 年黄河中游 155 座"闷葫芦"淤地坝的拦沙量,以及相关支流的植被和地形等信息,景可(1998)推算了流域侵蚀量,并与同期实测输沙量进行了对比,结果发现,河龙区间面上侵蚀量大体为入黄输沙量的 1.108 倍,在龙门—三门峡区间为 1.036 倍。

但是,当林草梯田覆盖率大于 35%～40% 后,产输比随林草梯田覆盖率的增大呈指数增加,该现象显然意味着淤地坝拦沙的减沙效益在下降。据遥感调查,2016 年,黄河主要产沙区的林草梯田覆盖率平均已达 60%,只有无定河源头区及其中下游局部地区、泾河的马莲河上游和蒲河上游、清水河中游等少量地区,林草梯田覆盖率仍不足 40%,见图 6-2。

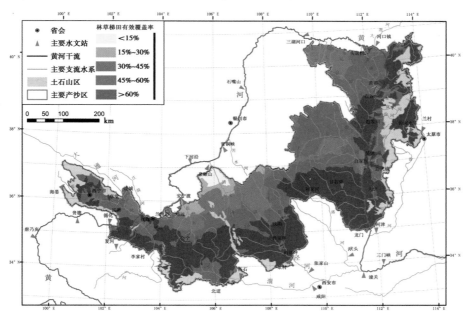

图 6-2　2016 年黄河主要产沙区林草梯田有效覆盖率

（4）当林草梯田覆盖率大于40%（砾质丘陵区）或60%（黄土丘陵区）后，产输比达5.5以上，说明此时的小流域不仅产沙极少，而且所产泥沙的80%左右难以输送至黄河（无坝库拦截情况下）。

与黄河中游其他地区相比，无定河"7·26"暴雨区的现状林草梯田覆盖状况明显偏低（见图6-2）：据2016年遥感调查成果，岔巴沟、马湖峪、小理河和裴家峁的林草梯田有效覆盖率分别为40.5%、39.5%、38%、47.9%。对比图6-1黄土丘陵区的曲线可见，前三个流域的林草梯田有效覆盖率位于拐点附近，裴家峁位于拐点之后。2017年无定河"7·26"大暴雨后，我们对以上4条流域逐坝探查的结果（见表4-3），也生动诠释了现状淤地坝拦沙与减沙的关系，进一步证明"淤地坝拦沙量大于其拦沙减沙量"的认识：马湖峪、岔巴沟和小理河流域的有效坝控面积仅占把口水文站控制面积的43.1%~53.06%，但拦沙量却占流域总产沙量的65%；裴家峁流域的有效坝控面积占把口水文站控制面积的24%，其实际拦沙量占流域总产沙量的比例为33%。

产生该现象，原因在于土壤从地表剥离后的输移动力在近年来发生了很大变化。

据《中国大百科全书》（1992）的定义，土壤侵蚀量是指土壤在水力、风力、冻融、重力等外营力作用下产生位移的物质量，而"产沙量"是指通过小流域出口断面的泥沙总量，侵蚀是产沙和输沙的前提；各小流域所产泥沙进入支流河道，并输送至黄河，才能成为黄河的输沙量。对照该定义，淤地坝所拦沙量在本质上介于土壤侵蚀量和流域产沙量之间。由于发生侵蚀并不意味着小流域和支流把口断面有泥沙输出，因此一般情况下淤地坝拦沙量≥因拦沙导致的流域减沙量。要使侵蚀产物变成水文站能够测量到的泥沙量，必须有足够的坡面流或河川径流。

由于叶冠和枯落层会截留降水、根系发育会增加降水入渗量，因此，林草植被变化往往会改变地表径流的流量和过程。吴钦孝等（2001）在黄龙山区连续7年的野外观测发现，中龄油松林的径流量比农地减少84%，林草通过叶茎截留可减水10%~18%；根据安塞、长武、淳化、河曲、准格尔和宜川等地1968~1990年的实地观测资料，刘秉正等（1999）认为，与坡耕地比较，天然次生林地、天然荒草地、人工林草地可削减径流20.6%~98.8%。西峰水土保持站在泾河流域合水川设置了两个对比小流域，结果发现，在相同降雨情况下，王家河洪水历时更长、洪量减少20%~50%、洪峰削减70%（见表6-3）；堡子沟与柳沟小流域也是合水川的对比小流域，其中堡子沟为子午林区（森林覆盖面积约66%、草本植物覆盖34%），柳沟植被极为稀疏，两个小流域在1957年5月22日一场暴雨的洪水表现，证明林草植被可削峰80%以上（孙阁，1987）。

表 6-3　合水川对比小流域观测结果

雨洪日期	测站	雨情			洪峰		最大径流模数 [kg/(s·km²)]	相对历时（min）
		雨量（mm）	历时（时:分）	雨情（mm/h）	历时（h）	径流深（mm）		
9月22~30日	王家河	119.6	131:20	0.7	314.0	0.777 2	485	187.1
	党家川	106.8	114:03	0.9	168.0	1.605 1	67.5	100.0
10月6~13日	王家河	28.7	76:04	0.4	156.0	0.199 8	4.85	130.0
	党家川	28.6	50:24	0.6	120.0	0.245 5	6.86	100.0

　　为说明研究区泥沙输移能力的变化,引入产洪系数和归一化输沙量的概念,以便于不同流域面积和不同降雨条件的比较。其中,产洪系数和归一化输沙量分别指单位降雨在单位面积上产生的洪量和输沙量,可反映流域的产洪能力和产输沙能力,计算公式分别为

$$FL_i = \frac{W_f}{A} \times \frac{1}{P_{25}} \qquad (6-1)$$

$$WS_i = \frac{W_{sy}}{A} \times \frac{1}{P_{25}} \qquad (6-2)$$

式中:FL_i 为产洪系数,无量纲;WS_i 为归一化输沙量,t/(km²·mm);W_f 为年洪量,通过切割枯季径流后得到;W_{sy} 为水文站控制区内的年输沙量,t;A 为水文站集水面积,km²;考虑到黄土高原的产洪产沙降雨主要上是日雨量大于 25 mm 的降雨,故采用的降雨指标为 P_{25}。

　　图 6-3 和图 6-4 是黄河中游典型支流 1956~2018 年水沙变化过程。由图可见,与前期相比,2007 年以来,各流域的产洪能力急剧下降,并基本稳定在低位水平。而洪水水量减少,意味着地表径流流速的降低,由此必然导致地表径流的输沙能力降低;由图 6-4 可见,各支流的产输沙能力在 2007 年以后下降更明显,并基本稳定在更低的低位水平。

　　理论上,由于小型坝一般分布在小流域的支毛沟,中型坝一般分布在支沟,大型坝一般分布在主沟,那么在地表径流输沙能力降低的背景下,对于同时建成的淤地坝,其淤积比应该是小型坝>中型坝>骨干坝。为证实该推断,利用鄂尔多斯和宁夏的淤地坝普查数据,选择地貌条件相近的流域,分析了 2007~2009 年各类型坝截至 2016 年的淤积比,结果见表 6-4~表 6-8。由表可见,凡建成年份相同的淤地坝,其淤积比均表现出"小型坝>中型坝>骨干坝"的现象,库容越小,淤积越严重,说明以上推测是合理的。

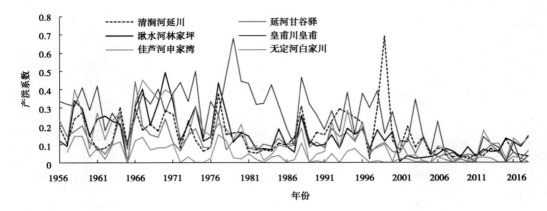

图 6-3 典型支流产洪能力变化

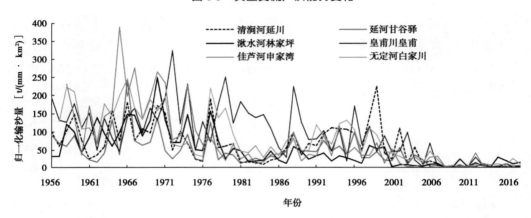

图 6-4 典型支流产输沙能力变化

表 6-4 窟野河流域(鄂尔多斯境内)淤地坝截至 2016 年年底的淤积比

建坝时间	坝型	样本坝数量(座)	总库容(万 m³)	已淤库容(万 m³)	平均淤积比(%)
2007 年	骨干坝	27	2 898.2	192.5	6.6
	中型坝	23	548.9	55.1	10.0
	小型坝	16	87.66	15.76	18.0
2008 年	骨干坝	12	1 597.0	101.8	6.4
	中型坝	18	455.6	39.8	8.7
	小型坝	10	49.2	8.1	16.4

表 6-5　皇甫川流域(鄂尔多斯境内)淤地坝截至 2016 年年底的淤积比

建坝时间	坝型	样本坝数量(座)	总库容(万 m³)	已淤库容(万 m³)	平均淤积比(%)
2007 年	骨干坝	13	2 571.6	284.9	11.1
	中型坝	5	107.2	19.5	18.2
2008 年	骨干坝	18	3 335.2	561.2	16.8
	中型坝	8	221.8	59.3	26.8
2009 年	骨干坝	17	4 146.3	804.0	19.4
	中型坝	14	339.1	83.8	24.7

注:2007~2009 年,皇甫川流域没有建设小型坝,故未显示小型坝数据。

表 6-6　西柳沟和黑赖沟流域淤地坝截至 2016 年年底的淤积比

建坝时间	坝型	样本坝数量(座)	总库容(万 m³)	已淤库容(万 m³)	平均淤积比(%)
2007 年	骨干坝	10	794.8	69.0	8.7
	中型坝	17	352.5	108.5	30.8
	小型坝	19	99.5	22.0	22.1
2009 年	骨干坝	4	358.7	4.2	1.2
	中型坝	6	91.4	4.2	4.61
	小型坝	4	11.3	2.35	20.8

注:2008 年该流域没有建设中小型坝,故未显示 2008 年数据。

表 6-7　渭河流域(宁夏境内)淤地坝截至 2016 年年底的淤积比

建坝时间	坝型	样本坝数量(座)	总库容(万 m³)	已淤库容(万 m³)	平均淤积比(%)
2007 年	骨干坝	19	1 978.5	163.6	8.3
	中型坝	12	224.1	37.0	16.5
	小型坝	6	45.7	5.2	11.5
2008 年	骨干坝	10	804.0	76.3	9.5
	中型坝	22	394.8	50.4	12.8
	小型坝	5	21.4	3.9	18.2
2009 年	骨干坝	8	706.6	42.2	6.0
	中型坝	21	405.8	42.3	10.4
	小型坝	4	24.5	3.7	15.2

　　拦沙是淤地坝最重要的功能。但从以上分析可见,淤地坝拦沙量及其导致的入黄泥沙减少量不一定相等,原则上淤地坝拦沙量≥入黄泥沙减少量;流域林草梯田覆盖率越大、地表土壤粒径越粗,淤地坝控制区的产沙模数与无控

区输沙模数之比越大,即淤地坝拦沙所带来的流域减沙量占其拦沙量的比例越小,无效拦沙越多。

表 6-8　茹河流域(宁夏境内)淤地坝截至 2016 年年底的淤积比

建坝时间	坝型	样本坝数量(座)	总库容(万 m³)	已淤库容(万 m³)	平均淤积比(%)
2007~ 2008 年	骨干坝	16	1 629.5	64.0	5.2
	中型坝	26	451.9	41.2	9.1
	小型坝	31	110.0	12.9	11.7

在林草梯田覆盖状况较差的 20 世纪后半期,绝大部分黄土丘陵区的林草梯田覆盖率只有 10%~30%,因此淤地坝每拦 1 t 泥沙,入黄泥沙大体可减少 1 t。然而,2000 年以来,黄土高原林草梯田覆盖状况大幅改善。目前,黄土高原砾质丘陵区的林草梯田覆盖率已达 40%~50%;在黄土丘陵区,原本水土流失严重的延安北部和河龙区间山西支流的林草梯田覆盖率多在 50%~65%,其他陕北支流也达 40%~50%。据图 6-1 推断,在此类地区,即使没有淤地坝,小流域所产泥沙也多半难以输送至黄河,淤地坝需拦沙 2~4 t 才能减少入黄泥沙 1 t。

以上分析还表明,在小流域内,建坝位置越靠近上游,淤地坝的淤积比越大,即"无效"拦沙越多。因此,在植被大幅改善和梯田大规模建成的背景下,为使拦沙工程发挥更大效益,淤地坝规划和建设时应尽可能选择大型淤地坝,并配套建设泄洪设施,以兼顾群众用水和保障中小河流防洪安全。

6.1.3　黄土丘陵第 5 副区

需要指出,以上分析均未涉及黄土丘陵第 5 副区。

黄土丘陵沟壑区第 5 副区大体是黄土丘陵和黄土台塬的结合产物(刘晓燕,2018),地表光滑的黄土丘陵群包围着一片黄土盆地或阶地是其地形特点,土壤疏松、植被稀疏是其地貌特点,雨量和雨强小、蒸发强是其气候特点。该区泥沙不仅产自周边丘陵,且相当部分来自中部盆地的河(沟)岸崩塌或滑坡,是黄土高原河沟侵蚀最剧烈的地方,有些河流的河沟产沙占比甚至高达 2/3;从支毛沟,到干沟和河道,随着汇入水量的增加,产沙强度逐级增大。这样的产沙特点与黄土丘陵第 1~4 副区差别很大。

一定量级的水流是河沟内侵蚀产物被搬运出流域的动力,而流域的产沙强度取决于河沟内的流量大小,由此推测,从小流域的毛沟、支沟和干沟,再到大中流域的河道,随着汇入水量的增加,产沙强度必然逐步增加,该推断得到实测数据的证明。

除了上游源头区和下游干旱区(注:干旱区一般没有淤地坝),清水河流域大部分地区属于黄土丘陵第 5 副区。利用宁夏 2016 年淤地坝普查数据,选择 2006~2008 年建成的淤地坝,分析清水河流域不同类型淤地坝截至 2016 年年底的淤积比,结果表明:小型坝<中型坝<骨干坝,即与上节得到的结论恰好相反,见表 6-9。

表 6-9 清水河流域淤地坝截至 2016 年年底的淤积比

建坝时间	坝型	样本坝数量(座)	总库容(万 m³)	已淤库容(万 m³)	平均淤积比(%)
2007~ 2008 年	骨干坝	7	945.1	114	12.1
	中型坝	32	507.3	35.9	7.07
	小型坝	38	229.0	10.4	4.53

2001 年前后,清水河的折死沟流域新建了 26 座淤地坝。利用各淤地坝控制面积和截至 2015 年年底的拦沙量,点绘了每座淤地坝控制面积与其区内产沙模数的关系[见图 6-5(a)],结果表明,淤地坝控制区的产沙模数随单坝控制面积的增大而增加。

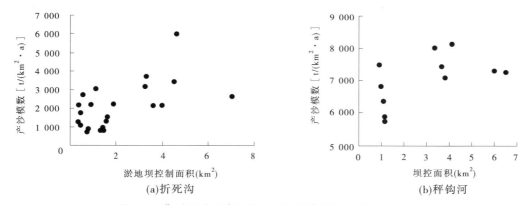

图 6-5 典型流域淤地坝控制区产沙模数与控制面积的关系

祖厉河流域也是位于黄土丘陵第 5 副区的支流,秤钩河小流域位于祖厉河的关川河流域,流域面积 118 km²,至 2008 年共建成大中型淤地坝 37 座,其中 2006 年 10 月至 2007 年 6 月建成 12 座,至 2009 年汛期共淤积 36.5 万 m³。图 6-5(b)是秤钩河小流域 2006 年汛后至 2007 年汛前所建 12 座淤地坝的坝控区产沙模数与坝控面积的关系,其点群趋势与折死沟相似。

2005 年汛前、榆中县共建成中型淤地坝 6 座(控制面积 1.2~1.5 km²)、大型淤地坝 2 座(控制面积 3.5~4 km²),至 2008 年底,中型淤地坝均无淤积物,但大型淤地坝却监测到 1 万 m³/座的淤积量。

总之,在黄土丘陵第 5 副区,淤地坝拦沙与拦沙减沙量的关系与其他黄土丘陵副区完全不同:与同期建成的淤地坝相比,小型坝的淤积比更小。

6.2 淤地坝拦沙作用的时效性

依靠有限的库容,去拦截无限的泥沙,由此决定了淤地坝依靠拦沙而换来的减沙作用必然有很强的时效性。像水库一样,一旦拦沙库容淤满,淤地坝因拦沙而取得的减沙作用随即消失,只有坝地的减蚀作用得以长期维持。

20世纪中后期,陕北是淤地坝最多的地区。因此,本书选择淤地坝集中且有实测水沙数据的秃尾河高家堡至高家川区间、佳芦河申家湾以上、无定河丁家沟至白家川区间、清涧河延川以上和延河甘谷驿以上等陕北支流,分析淤地坝减沙作用的可持续性。该区总面积1.84万 km²,其绝大多数淤地坝建成于1980年以前;截至1999年,区内只有1座大型水库(延河,王窑水库,1972年建成)和5座中型水库;1978年和1998年,该区的林草梯田覆盖率分别为20.56%和22.42%,即增量很小。

支流入黄输沙量是流域下垫面和降雨共同作用的集中体现,因此可通过输沙量的逐年变化,分析淤地坝减沙作用的时效性。由图6-6可见,除发生了淤地坝大规模水毁的1977年外,研究区的归一化输沙量在20世纪七八十年代大幅降低,但90年代明显反弹,尤以清涧河和大理河反弹突出,该过程与同期淤地坝数量变化和当时产沙环境下的设计拦沙寿命基本呼应(大型坝10~30年,中型坝5~10年,小型坝3~5年)。

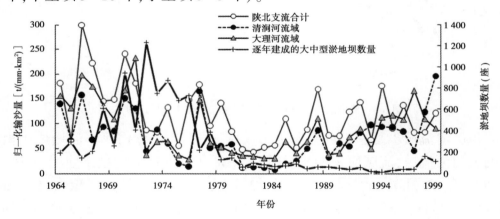

图6-6 陕北支流归一化输沙量变化

进一步分析图6-6发现,与1964~1979年相比,尽管明显反弹,但1994~1999年的年均归一化输沙量仍总体偏低32%,扣除梯田和坝地的减蚀作用后仍偏低约15%,说明仍有部分淤地坝在继续发挥拦沙作用。1998~2000年以后,该区植被大幅改善,同时有大量高标准梯田建成,加之2003年以后水利部淤地坝亮点工程实施,不仅使输沙量反弹势头得到有效遏制,甚至入黄泥沙减幅高达 85%~95%。

把口断面输沙量反映了流域的来沙总量,而汛期含沙量反映的是流域的产沙强度。由图 6-7 可见,与归一化输沙量一样,在淤地坝众多的陕北支流,汛期含沙量也在 1972 年以后急剧下降,20 世纪 90 年代大幅反弹。2002 年,清涧河汛期平均含沙量甚至高达 656 kg/m³,是 1954 年以来的实测最大值。

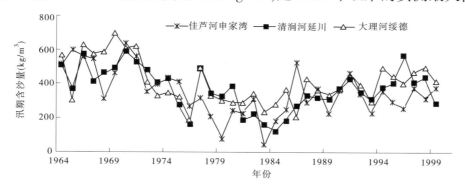

图 6-7 陕北典型支流汛期含沙量变化

以上结果与陕西省水土保持局 1993 年完成的陕北地区淤地坝调查结论基本呼应。该调查成果指出,20 世纪六七十年代所建淤地坝大部分已经淤满;约 90% 的小型淤地坝已经没有滞洪库容。

由此可见,一旦拦沙功能失效,现有淤地坝的减沙作用将随之回落,最终将主要靠坝地的沟谷减蚀作用实现减沙。要维持淤地坝的现状拦沙作用,必须持续不断地推进淤地坝的建设步伐。然而,实地调查了解到,随着社会和经济环境的变化,黄土高原人们对淤地坝的态度正在悄然发生变化。2011 年以后,各地高度重视淤地坝防汛责任,但运行维护经费和防汛经费落实不到位;而且,淤地坝往往地处偏远山沟,抢险十分不便。同时,因近年林草植被大幅度改善或梯田规模增大,多沙区大部分地区的坝地淤成速度极慢,加之很多农民进城务工,从而使当地群众降低了对"期货坝地"的渴望。在此背景下,2010 年以来建成淤地坝的数量大幅减少,其中 2011~2016 年潼关以上地区建成的骨干坝数量甚至只有 50~80 座/年;很多县(区)每年建设淤地坝数量只有 1 座,还有不少县(区)甚至 1 座未建,其淤地坝近期工作重点是现有淤地坝的除险加固,对大中型淤地坝增建溢洪道。

显然,坝库调控泥沙功能的能力和失效时间主要取决于水库和淤地坝的剩余有效库容;随着库容不断损失,20 世纪 90 年代中后期含沙量又明显反弹。选择水库极少的支流,分析不同时期骨干坝库容与年最大含沙量的关系,见图 6-8。由图 6-8 可见,当骨干坝总库容不大时,几乎看不出对含沙量的影响;但大于 1 亿 m³ 以上后,两者几乎呈正比关系。

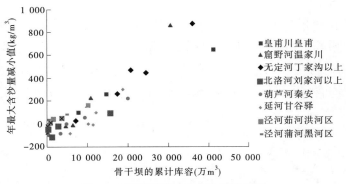

图 6-8　淤地坝库容对含沙量的影响

6.3　淤地坝水毁的增沙风险

据 2010 年有关方面调查,由于早期淤地坝的设计缺陷,加之后天缺乏管护,目前 36% 的骨干坝和 47.6% 的中型淤地坝存在不同程度的病险隐患。因此,当遭遇超设防标准的暴雨洪水时,出现水毁是正常的。表 6-10 列举出了

表 6-10　河龙间淤地坝在历年大暴雨期间的水毁情况

暴雨名称	涉及范围	淤地坝水毁情况
1973-08-25	延川县	全县 7 570 座淤地坝中水毁 3 300 座,相应的坝地面积损失 11.3%
1975-08	延长县	全县 6 000 座淤地坝中水毁 1 830 座,相应的坝地面积损失 26.1%
1977-07-05	延河	冲毁百万立方米以上库坝 9 座,占延河百万立方米以上库坝的 9%;10 万立方米以上 99 座,占 41%;10 万立方米以下 3 400 多座,占 69%
1977-08-01	孤山川	据 4 个公社不完全统计,600 多座库坝冲毁 500 多座,5 座百万立方米以上的水库被冲垮,是造成孤山川 10 300 m^3/s 历史最大洪水的原因之一
1977-08-05	无定河下游、屈产河	大部分淤地坝(包括韭园沟)被冲得与治理前一样
1977 年		延安、榆林、庆阳等地和晋西 28 个县共冲毁水库 315 座,淤地坝 32 700 座,冲毁坝地 2 200 万 hm^2,冲毁后坝地面积一般损失 10%~30%
1978-07-27	清涧河	清涧县水毁淤地坝 254 座
1989-07-22	临县、兴县	兴县 205 座淤地坝水毁 91 座,冲毁坝地 2 505 亩
1994-07-08	晋、陕、蒙、甘、宁等省(自治区)	因大部淤地坝基本淤满、滞洪泄洪能力不足、管护不善等原因,有 7 542 座大小淤地坝遭到不同程度水毁,占淤地坝总数的 8%,损失坝地 3 300 hm^2
2002-07-04	清涧河	水毁淤地坝 85 座
2012-07-27	榆林、吕梁	榆林和吕梁分别水毁淤地坝 750 座和 100 座,佳县 1 座水库严重出险;大量低等级道路发生严重水毁
2013-07	延安	全市水毁淤地坝 1 240 座,2 座水库严重出险;大量低等级道路发生严重水毁

注:表中所谓淤地坝的"水毁"实际为坝体不同程度的损毁。

河龙间部分发生大暴雨年份的淤地坝水毁情况,由表 6-10 可见,由于防洪标准有限,淤地坝水毁问题一直客观存在。

前文指出,目前黄土高原淤地坝共拦截泥沙约 89 亿 t,其中 75.7 亿 t 储存在河龙区间,更有近 33.5 亿 t 泥沙储存在面积约 10 500 km² 的无定河中下游黄土丘陵区。未来,如果再次发生大范围的极端暴雨(譬如 1933 年大暴雨,或更大范围、更高雨强的暴雨),这些库存泥沙是否成为"增沙增洪"的因素,是人们广泛关注的问题。

2012 年 7 月 26~27 日和 2016 年 7 月 26 日,佳芦河流域曾两次遭受特大暴雨袭击,大暴雨基本上笼罩了流域全境,流域两次大暴雨的面平均雨量分别为 170.3 mm、165.1 mm,最大 1 h 雨量分别为 39.3 mm/h 和 32.5 mm/h。不过,2016 年大暴雨基本未造成坝库水毁;而在 2012 大暴雨期间,淤地坝水毁十分严重(见表 6-10),1976 年建成的高阳湾水库(库容 1 760 万 m³)也出现严重水毁。剔除降雨影响后,图 6-9 给出了佳芦河流域历年产洪系数和归一化输沙量变化,由图 6-9 可见,2012 年的产洪系数和归一化输沙量明显大于 2016 年,其中归一化输沙量偏大 3.2 倍,说明坝库水毁确实使流域输沙量和洪量增加。也就是说,在 2012 年佳芦河 1 660 万 t 输沙量中,可能大部分是坝库水毁排沙所致。可惜的是,2012 年汛后,未及时开展现场调查,不能给出准确的淤地坝水毁增沙的量值。

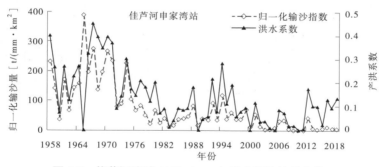

图 6-9　佳芦河流域 1958~2018 年洪水泥沙情势变化

淤地坝遭遇超标准暴雨将发生水毁已经是不争的事实,不过,从绝大部分淤地坝水毁调查情况看,暴雨期间水毁冲走的沙量一般远小于该暴雨期的拦沙量。例如,李靖等(2003)调查发现,1973 年 8 月和 1975 年 8 月大暴雨期间,延川和延长两县水毁坝地面积分别占这些坝库的坝地总面积的 13.3% 和 26.1%;1977 年陕北暴雨受灾最严重的 13 个县,损毁坝地面积占这些坝库坝地面积的 1/4~1/3。1989 年 7 月 22 日大暴雨,兴县共冲毁坝地 2 505 亩,占全县坝地总量的 16.5%。1994 年暴雨后,山西省水土保持部门对河龙间 26 个县 204 座淤地坝(库容大于 20 万 m³)的调查表明(周玉珍,1996),有 28 座坝被拉开豁口,所冲走沙量占其库存沙量的4%。2017年无定河大暴雨后,我们对流域内7个小流域的逐坝调查表明(见表3-7),本次大暴雨期间,淤地坝共计拦沙1 310万 t,因水毁共计排沙186万 t,水毁排沙量是拦沙量的14.2%。

1994年7~8月,榆林和延安两市遭遇了4~5次大暴雨袭击,其淤地坝水毁程度在历史上最为严重。据陕西水土保持局(1995)调查,暴雨期间两市共新淤坝地4 400 hm²,冲毁坝地3 200 hm²,共拦沙3.3亿 t,冲走1.4亿 t,冲走沙量约占拦沙量的42.4%。

基于20世纪70年代以来发生过的水毁事件统计,淤地坝水毁排沙量约占同期拦沙量的4%~42%,一般为14%~26%。水毁排沙量不大,原因在于淤地坝水毁时只是在坝体上拉开一道口子,待库内洪水排出后,库存泥沙一般不会继续外排,见图6-10。就近年实地走访调查的情况看,大暴雨期间,确曾发生过坝体全部冲跑的案例,例如2012年7月27日临县陆家沟小流域一座淤地坝的坝体被完全冲毁,坝址处甚至看不出之前淤地坝的痕迹,但这样的事件很少见。

(a)　　　　　　　　　　　　　(b)

图6-10　淤地坝水毁(佳芦河,兴庄淤地坝,2012年8月)

不过,即便是淤地坝水毁并不会把之前库存的泥沙全部排出,人们仍需要对该问题有足够的重视。迄今,黄土高原淤地坝的现状库存沙量约84亿 t,即使冲走15%,也是一个不小的数目。关于淤地坝水毁的严重性问题,人们目前的共识是,暴雨量级超过淤地坝的防洪标准是淤地坝水毁的主要原因。但问题是,超标准暴雨一定还会发生。因此,我们必须做好应对措施。

6.4　现状淤地坝拦沙作用发展趋势

如果维持现状淤地坝的规模,在未来不同水平年,淤地坝的拦沙作用会有多大?这也是目前人们普遍关注的问题。

众所周知,骨干坝和中型坝的设计拦沙寿命分别为 10～30 年、5～10 年。但在过去几年,我们在实测数据分析和多次实地查勘中发现,绝大多数 2007 年以来新建成淤地坝的淤积量很少,见表 6-11,表 6-11 中所列大中型淤地坝为该流域 2007～2008 年建成的全部淤地坝。该现象不仅在煤矿众多的窟野河流域存在,在没有煤矿的皇甫川、茹河(泾河上游)和葫芦河(渭河上游)也同样存在。这个现象说明,现有淤地坝的拦沙寿命将远大于原来设计的拦沙寿命。

表 6-11　典型支流 2007～2008 年新建大中型坝的淤积比(截至 2016 年年底)

流域名称	数量 (座)	总库容 (万 m³)	已淤库容 (万 m³)	淤积比 (%)	林草梯田覆盖率 (%)
窟野河(鄂尔多斯境内)	80	5 500	389	7.1	2010 年 40.0, 2018 年 53.9
皇甫川(鄂尔多斯境内)	44	6 236	925	14.8	2010 年 40.1, 2018 年 53.9
十大孔兑	58	2 023	335	16.5	2010 年 38.2, 2018 年 43.6
茹河(泾河宁夏境内)	42	1 681	105	6.25	2010 年 46.0, 2018 年 53.0
葫芦河(渭河宁夏境内)	62	3 376	327	9.7	2010 年 55.5, 2018 年 57.8

前文分析表明,目前黄土高原大中型淤地坝拦沙贡献约占全部淤地坝拦沙量的 97%;陕北大中型淤地坝的建成时间与黄土高原其他地区差异很大,前者 1989 年以前建成的老坝比例高达 96%(含近年除险加固的数量),而后者此类坝不足 1%。因此,以下重点以大中型淤地坝为对象,假定黄土高原林草梯田有效覆盖率和降雨条件均维持 2010～2018 年的平均水平,分析未来不同时期的拦沙作用,方法如下:

(1)基于第 4 章计算得到的 2010～2018 年各支流(区域)淤地坝拦沙量,并利用未来相应时期的有效淤地坝控制面积,推算各支流(区域)淤地坝控制区域的同期侵蚀产沙模数。

(2)利用"2008 年数据"或"2016 年数据(宁夏、内蒙古鄂尔多斯市)"提供的每座淤地坝的控制面积,代入 2010～2018 年相应区域的侵蚀产沙模数,计算每座淤地坝截至 2030 年、2040 年、2050 年、2060 年和 2070 年的淤积量和淤积比。

(3)对照临界淤积比,识别出各支流截至 2030 年、2040 年、2050 年、2060 年和 2070 年的失效淤地坝数量、有效坝数量及其控制面积。对于陕北淤地坝,临界淤积比采用第 3 章的分析结论。对于其他地区的淤地坝,考虑绝大多数建成于 1990 年以后,设计更规范,原则上其临界淤积比应小于陕北,本书统一取 80%。

(4)利用 2010～2018 年侵蚀产沙模数,计算各支流(区域)截至 2030 年、

2040年、2050年、2060年和2070年的拦沙量。显然,该计算结果应视为未来某水平年的拦沙量,而非该年的实际拦沙量。

(5)各支流(区域)汇总,得到潼关以上黄土高原未来不同水平年的淤地坝拦沙量。

图6-11是陕北和潼关以上黄土高原其他地区不同水平年的失效大中型坝数量占现状大中型坝总量的比例。

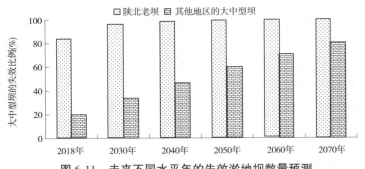

图6-11　未来不同水平年的失效淤地坝数量预测

由图6-11可见:

(1)经过30~60年的拦沙运用,1989年以前建成的陕北老坝绝大多数进入拦沙后期,2018年的失效比例已达84%;预计2030年,拦沙功能失效的比例将达到95%,即基本退出拦沙"舞台"。

(2)与陕北老坝不同,其他大中型坝的运行年限只有10~30年,加之近年流域产沙强度大幅度降低,故现状失效比例只有19%,不少地区甚至不足10%。

从空间分布看(见图6-12),目前失效比例最大的地区是陕北,其比例远高于其他地区。到2030年,泾河的淤地坝失效比例也将达66%,其中马莲河上游和蒲河上游接近陕北(85%),达81%。如果说陕北淤地坝失效比例高的主要原因是老坝占比大,泾河淤地坝失效比例高的主要原因在于下垫面条件恶劣:泾河流域淤地坝主要集中在马莲河上中游和蒲河上中游,该区不仅是以沟壑产沙为主的丘5区和残塬区,而且2018年的林草梯田有效覆盖率仍然只有30%~45%,远低于黄河主要产沙区的平均水平(60.1%)。

分析认为,至2018年年底,黄河主要产沙区(面积21.5万 km²)仍可继续发挥拦沙功能的有效大中型淤地坝约6 668座,合计控制面积20 951 km²,约占该区水土流失面积的10%。表6-12是黄河主要产沙区典型支流的现状有效大中型坝数量及其坝控面积,图6-13、图6-14是潼关以上黄土高原有效大中型淤地坝的空间分布。

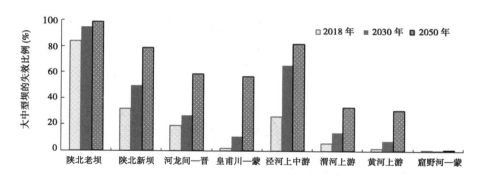

图 6-12　不同地区现状失效坝比例

表 6-12　2018 年黄河主要产沙区有效大中型坝概况

支流名称	骨干坝 （座）	中型坝 （座）	有效坝控面积 （km²）	有效坝平均淤积比 （%）
湟水	134	84	663.13	20.46
洮河下游	11	0	58.48	46.74
祖厉河	69	34	383.86	39.14
清水河	75	86	990.37	13.89
十大孔兑	153	115	850.27	15.71
皇甫川	252	222	1 912.13	21.42
窟野河	268	232	1 225.70	15.99
秃尾河	47	140	349.62	46.93
佳芦河	30	48	175.30	63.32
无定河	410	566	2 025.74	60.98
清涧河	89	281	688.56	56.89
延河	131	200	970.21	48.34
河龙区间山西片	770	464	4 113.36	31.05
河龙区间合计	2 192	2 367	12 674.95	39.08
北洛河上游	165	104	965	39.07
泾河景村以上	324	124	1 693.04	37.58
渭河拓石以上	236	230	1 678.42	21.65
汾河兰村以上	94	71	926.84	31.02
黄河主要产沙区合计	3 453	3 215	20 951.55	37.84

假定未来的降雨、植被和梯田状况等与 2010～2018 年相同,图 6-15、图 6-16 给出研究区淤地坝年均拦沙量发展趋势。由图可见,随着河龙区间、北洛河上游和马莲河上游等地的大批淤地坝失效,至 2030 水平年,淤地坝拦沙作用将较现状剧烈减少 57.5%;之后,缓慢降低。至 2050 年和 2070 年,现

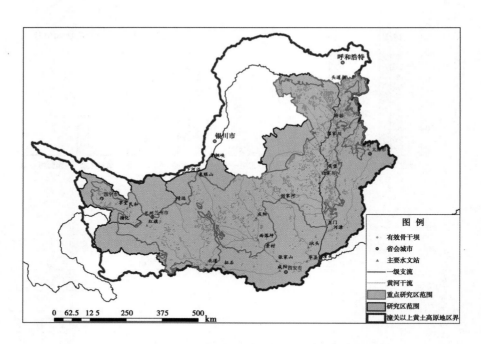

图 6-13　2018 年黄河主要产沙区典型支流有效骨干坝分布

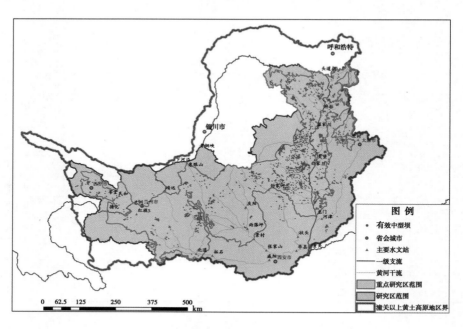

图 6-14　2018 年黄河主要产沙区典型支流有效中型坝分布

状淤地坝的拦沙作用约为 3 310 万 t/a 和 1 230 万 t/a。分析 20 世纪 50 年代以来不同时期的淤地坝拦沙量变化过程可见,20 世纪 70 年代至 21 世纪 10 年代是淤地坝拦沙最多的时期,未来将大幅降低并缓慢消减,见图 6-16。

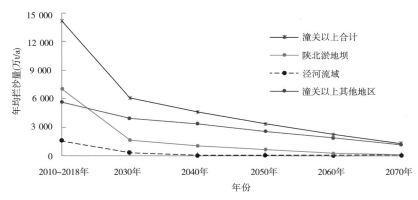

图 6-15　未来不同水平年黄土高原淤地坝拦沙量预测

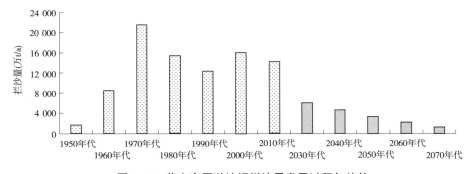

图 6-16　黄土高原淤地坝拦沙量发展过程与趋势

需要说明的是,以上分析没有考虑现状淤地坝的水毁增沙,以及因设施破坏而提前终止拦沙,也没有考虑未来新建坝的拦沙作用。

淤地坝拦沙功能失效后,其减沙主要靠坝地的减蚀作用。以韭园沟流域的关地沟 4 号坝为例,高海东(2017)对淤地坝淤满后对水沙的调控作用进行了分析,认为淤地坝淤满后,坝地流速显著降低,从修建淤地坝前的 0.83 m/s 降至 0.27 m/s,但坝体外坡的流速显著增加,特别是坡底,最大流速可达 3.76 m/s,因此淤地坝的异地减蚀作用甚至会降低。

目前,黄土高原坝地的减蚀作用为 2 100 万~2 200 万 t/a,预计未来可以达到 2 500 万 t/a。

7 结论与建议

通过对广泛采集的淤地坝数据的梳理、甄别和统计分析,对潼关以上黄土高原淤地坝概况、拦沙及减沙作用等,得到以下认识:

(1)截至 2016 年,潼关以上黄土高原地区共有淤地坝 55 124 座,其中骨干坝 5 546 座、中型坝 8 596 座、小型坝 40 982 座;现有坝地约 1 016 km²。在此 5.5 万余座淤地坝中,32% 的骨干坝、61% 的中型坝和 82% 的小型坝建成于 1989 年以前。

河龙区间是淤地坝最多的地方,拥有潼关以上黄土高原 69% 的骨干坝、79% 的中型坝和 90% 的小型坝;该区也是老淤地坝的集聚区,44% 的骨干坝、73% 的中型坝、89% 的小型坝建成于 1989 年以前。

(2)黄土高原淤地坝迄今共拦沙 84 亿 t,其中约 66.7% 发生在 1999 年以前。20 世纪 70 年代是淤地坝拦沙作用最大的时段,达 2.12 亿 t/a;2010~2018 年拦沙量 1.37 亿 t/a。

河龙区间是拦沙最多的地区,迄今已总计拦沙 74.7 亿 t,占黄土高原总量 89%。无定河是淤地坝拦沙最多的支流,目前总量达 33.2 亿 t,占黄土高原总拦沙量的 39.5%。

大中型淤地坝是淤地坝拦沙的主体,平均贡献率达 97%;即使在占比最小的宁夏,其大中型坝的拦沙贡献率也达 85%。

(3)至 2018 年年底,1989 年以前建成的陕北老坝已进入拦沙后期,失效比例高达 84%;其他地区大中型坝失效比例平均 17%。在黄河主要产沙区,仍可继续发挥拦沙功能的有效大中型淤地坝约 6 668 座,合计控制面积 20 951 km²,约占该区水土流失面积的 10%。

预计到 2030 年水平年,陕北全部大中型坝的失效比例将达 85%,泾河流域的马莲河上游和蒲河上游达 81%,其他地区仍低于 27%。

(4)淤地坝不仅通过拦沙而减少入黄泥沙,而且淤积形成的坝地还可减少沟谷侵蚀产沙,进而减少入黄泥沙。因此,拦沙功能失效后,淤地坝仍可以发挥一定的减沙作用。分析认为,在 2010~2018 年下垫面情况下,黄土高原淤地坝不仅年均拦沙 1.37 亿 t/a,还可减少沟谷产沙 0.21 亿~0.22 亿 t/a。

现状淤地坝新增流域耗水量约 3 亿 m³/a,对流域水资源影响不大。

(5)对于黄土丘陵沟壑区的第 1~3 副区,淤地坝拦沙量一般大于或等于或其相应的入黄泥沙减少量。流域的林草梯田覆盖率越大、地表土壤粒径越粗、坝址越靠沟道上游,淤地坝因拦沙所致的减沙量占其拦沙量的比例越小,即无效拦沙越多。

20世纪后半期,黄河主要产沙区的林草梯田有效覆盖率只有10%~30%,此时期淤地坝拦沙量与相应的入黄泥沙减少量基本相等。然而,目前该区林草梯田有效覆盖率已达40%~80%(平均为60%),故淤地坝拦沙量一般远大于由此产生的入黄泥沙减少量,中小型淤地坝表现更突出。

不过,在黄土丘陵沟壑区的第5副区,情况正好相反,其小型坝淤积比小于中型坝,更小于骨干坝。

(6)假定未来降雨条件、植被和梯田状况等与2010~2018年基本相同,分析了现状淤地坝在未来不同水平年的拦沙作用,结果表明:至2030水平年,淤地坝拦沙作用将较现状剧烈减少57.5%,即由2010~2018年的13 722万t/a降至6 040万t/a。至2050年和2070年,现状淤地坝的拦沙作用分别约3 310万t/a和1 230万t/a;届时,淤地坝将主要靠坝地减蚀发挥减沙作用,预计约2 500万t/a。

(7)因防洪标准有限、泄洪设施简陋或缺乏,一旦遭遇超标准暴雨洪水,现状淤地坝(尤其是1989年以前建成的淤地坝)难免发生水毁。基于20世纪70年代以来发生过的水毁事件统计,淤地坝水毁排沙量约占同期拦沙量的4%~42%,一般为14%~26%。

淤地坝一直是黄土高原遏制水土流失的重要工程措施,因此,有关淤地坝的拦沙和减沙作用,前人已经做过较多,取得了丰富的研究成果。与前人相比,本研究除把分析时段推延至2007~2018年外,其科技创新主要体现在以下几方面:

(1)通过多源数据比对、走访调研,首次对2016年以前不同时期的各县(区)淤地坝数据进行了系统整理和甄别,基本摸清了黄土高原现状淤地坝的数量及其时空分布。目前,基于该成果开发的黄土高原淤地坝数据查询系统,已被广泛应用。

(2)针对老坝集中的陕北地区,深入分析了淤地坝的淤积发展特点,发现了陕北地区不同类型淤地坝失去拦沙能力的判断标准,可用于现阶段有效淤地坝数量及其分布的宏观判断,对客观认识陕北淤地坝的现状拦沙作用和剩余拦沙寿命,以及防洪减灾和淤地坝规划等,具有重要的参考价值。

(3)利用时段始末的坝地面积增量,计算淤地坝相应时段的拦沙量,是淤地坝拦沙作用分析的已有方法。但由于2011年以来坝地面积的统计口径发生了重大变化,导致该方法难以继续使用。本研究融合了不同数据源提供的淤地坝信息,深入分析了淤地坝时空分布特点,进而提出了2000年以来淤地坝拦沙量计算的方法集。

同时,充分挖掘了 1989 年陕北淤地坝普查数据的价值,对前人提出的陕北地区淤地坝在 1956~1999 年不同时期的拦沙量分析成果进行了合理修正。

(4)淤地坝减沙量包括拦沙减沙量和减蚀减沙量两部分。本次研究首次揭示了淤地坝拦沙量与相应入黄泥沙减少量的关系,阐明了林草梯田有效覆盖率、土壤粒径和淤地坝空间位置等对该关系的影响。通过对比不同淤地坝配置情况下的流域产输沙变化,对坝地减蚀减沙作用提出了新的认识。

通过 10 年来的分析研究、数十次现场调查和走访、2 000 余座淤地坝的逐坝监测等工作,加深了我们对淤地坝相关问题的认识。基于以上调查和研究得到的认识,针对未来淤地坝的规划、建设和管理,提出以下建议供参考:

(1)本研究表明,目前黄土高原近一半的大中型淤地坝已经失去拦沙能力,其中陕北坝的失效比例高达 72%;至 2030 年前后,陕北坝失效比例达到 85%,泾河的马莲河上游和蒲河上游达 81%。河龙区间、北洛河上游和泾河流域的来沙形势对黄河下游防洪减淤意义重大,建议相关方面及早采取应对措施。

(2)研究发现,对于黄土丘陵第 1~3 副区的沟道小流域,在现状植被和梯田覆盖状况下,坝址越靠上游,"无效"拦沙越多。因此,在植被大幅改善和梯田大规模建成的背景下,为使拦沙工程发挥更大的减沙效益,有利于日常管护,并兼顾群众用水和中小河流防洪安全,建议此类地区淤地坝规划和建设时尽可能选择大型淤地坝,坝址尽可能靠近村镇。

(3)20 世纪 70 年代以来,曾发生多次淤地坝大量水毁事件,超标准暴雨是水毁的重要因素。迄今,黄土高原淤地坝已拦沙 84 亿 t,其中的 90% 以上集中在河龙区间和北洛河上游,该区恰是对黄河中下游威胁最大的区域。鉴于超标准、大范围的超强暴雨难以避免,建议相关方面做好应对措施。

(4)迄今完成的多次淤地坝普查成果,为认识其拦沙作用和现状调蓄洪水能力等提供了非常宝贵的基础数据。不过,由于 1989 年以前建成的不少小型坝在 2008 年被计入中型坝,且 2000 年以来很多标识为新建坝者实为旧坝改造,使陕北大中型坝现状数量与实际存在偏差。为真正掌握淤地坝的实际淤积程度、剩余拦沙库容和剩余防洪库容,建议再次对黄土高原大中型淤地坝进行全面普查。

参 考 文 献

[1] 黄河上中游管理局. 淤地坝设计[M]. 北京:中国计划出版社,2004.

[2] 黄河中游水土保持委员会办公室. 水利亮点工程淤地坝[M]. 北京:中国科学技术出版社,2004.

[3] 高博文,刘万铨,张大全,等. 80年代黄河流域水利水土保持措施减沙作用研究[J].中国水土保持, 1994(5):3-6.

[4] 高海东,贾莲莲,庞国伟,等. 淤地坝"淤满"后的水沙效应及防控对策[J]. 中国水土保持科学, 2017,15(2):140-145.

[5] 高云飞,郭玉涛,刘晓燕,等. 黄河潼关以上现状淤地坝拦沙作用研究[J].人民黄河,2014,36(7): 97-99.

[6] 高云飞,刘晓燕,韩向楠. 黄土高原梯田运用对流域产沙的影响规律及阈值[J]. 应用基础与工程科 学学报,2020,28(3):535-545.

[7] 高云飞,郭玉涛,刘晓燕,等. 陕北黄河中游淤地坝拦沙功能失效的判断标准[J]. 地理学报,2014, 69(1):73-79.

[8] 龚时旸,熊贵枢. 黄河泥沙来源和地区分布[J].人民黄河,1979(1):7-18.

[9] 侯素珍,王平,刘晓燕,等.孔兑洪水泥沙调控关键技术研究[M].郑州:黄河水利出版社,2017.

[10] 景可,李钜章,李凤新. 黄河中游侵蚀量及趋势预测[J].地理学报,1998,55(S):107-114.

[11] 贾汉彭,武晓林,姚金刚,等. 汾河流域水沙变化现状和发展趋势的研究[C]//黄河水沙变化研究 (第二卷).郑州:黄河水利出版社,2002.

[12] 焦菊英,刘元保,唐克丽. 小流域沟间地与沟谷地径流泥沙量的探讨[J].水土保持学报,1992,6 (2):24-28.

[13] 焦菊英,王万忠,李靖,等. 黄土高原丘陵沟壑区淤地坝的淤地拦沙效益分析[J].农业工程学报, 2003,19(6):302-306.

[14] 李靖,张金柱,王晓. 20世纪70年代淤地坝水毁灾害原因分析[J].中国水利,2003(9):55-56.

[15] 李勉,姚文艺,史学建. 淤地坝拦沙减蚀作用与泥沙沉积特征研究[J]. 水土保持研究,2005,12 (5):107-111.

[16] 刘斌,冉大川,罗华全,等. 北洛河流域水土保持措施减水减沙作用分析[C]//黄河水沙变化研究 (第二卷).郑州:黄河水利出版社,2002.

[17] 刘秉正,刘世海,郑随定. 作物植被的保土作用及作用系数[J].水土保持研究,1999,6(2):32-36.

[18] 刘晓燕,王富贵,杨胜天,等. 黄土丘陵沟壑区水平梯田减沙作用研究[J].水利学报,2014,45(7): 793-800.

[19] 刘晓燕,董国涛,高云飞,等. 黄土丘陵沟壑区第五副区产沙机制初步分析[J],水利学报,2018,49 (3):282-290.

[20] 刘晓燕,等. 黄河近年水沙锐减成因[M]. 北京:科学出版社,2016.

[21] 刘晓燕,高云飞,王略. 黄河主要产沙区近百年产沙环境变化[J].人民黄河,2016,38(5):1-6.

[22] 卢寿德,卢广毓,巩琳. 无定河流域2017年"7·26"暴雨洪水特性分析.人民黄河,2018,40(12): 26-28.

[23] 马国顺,郭文元,许国平,等. 兴县淤地坝"89722"暴雨水毁情况调查[J]. 中国水土保持,1990 (8):33-35.

[24] 马生祥,白志刚,陈增莲. 淤地坝减蚀作用分析[C]//黄土高原水土保持实践与研究(1997-2000). 郑州:黄河水利出版社,2005.

[25] 冉大川,罗华全,刘斌,等. 黄河中游地区淤地坝减洪减沙及减蚀作用研究[J]. 水利学报,2004, (5):7-13.

[26] 冉大川,姚文艺,李占斌,等. 不同库容配置比例淤地坝的减沙效应[J]. 农业工程学报,2013,29 (12):154-161.

[27] 冉大川,左仲国,吴永红,等. 黄河中游近期水沙变化对人类活动的响应[M]. 北京:科学出版社, 2012.

[28] 冉大川,柳林旺,赵力仪. 黄河中游河口镇至龙门区间水土保持与水沙变化[M]. 郑州:黄河水利出版社,2000.

[29] 冉大川,李占斌,郭聪,等. 大理河流域坝库工程对产流产沙的影响[J]. 人民黄河,2009,31(8):71-73.

[30] 陕西省水保局陕北淤地坝调查组. 1994年陕北地区淤地坝水毁情况调查[J]. 人民黄河,1995,17 (1):15-18.

[31] 水利部黄河水沙变化研究基金会. 黄河水沙变化及其影响的综合分析报告[C]//黄河水沙变化研究(第二卷). 郑州:黄河水利出版社,2002.

[32] 水利学会泥沙专业委员会. 泥沙手册[M]. 北京:中国环境科学出版社,1989.

[33] 孙阁. 森林对河川径流影响及其研究方法的探讨[J]. 国土与自然资源研究,1987(2):67-71.

[34] 王允升,王英顺. 黄河中游地区1994年暴雨洪水淤地坝水毁情况和拦淤作用调查[J]. 中国水土保持,1995(8):23-26.

[35] 王万忠. 黄土地区降雨特性与土壤流失关系的研究[J]. 水土保持通报,1983(4):7-13.

[36] 王普庆,侯素珍. 西柳沟丘陵区土壤组成及对流域产沙的影响[J]. 人民黄河,2020,42(2):1-4.

[37] 王斌科,唐克丽. 黄土高原区开荒扩种时间变化研究[J]. 水土保持学报,1992(2):63-67.

[38] 武哲,马生祥,马剑. 淤地坝减蚀范围及减沙量计算方法探讨[J]. 人民黄河,2007,29(6):49-50.

[39] 吴钦孝,赵鸿雁. 黄土高原森林枯枝落叶层保持水土的有效性[J]. 西北农林科技大学学报,2001, 29(5):96-98.

[40] 尹传逊,常振富. 隔坡梯田效益研究[J]. 中国水土保持,1984(6):16-18.

[41] 惠养瑜,冀文慧,同新奇,等. 无定河流域水沙变化及其发展趋势预测研究[C]//黄河水沙变化研究(第一卷). 郑州:黄河水利出版社,2002.

[42] 惠养瑜,冀文慧,刘铁辉,等. 延河水沙变化及其发展趋势预测研究[C]//黄河水沙变化研究(第一卷). 郑州:黄河水利出版社,2002.

[43] 曾茂林,朱小勇,康玲玲,等. 水土流失区淤地坝的拦泥减蚀作用及发展前景[J]. 水土保持研究, 1999,6(2):126-133.

[44] 张经济,冀文慧,冯晓东. 无定河流域水沙变化现状、成因及发展趋势研究[C]//黄河水沙变化研究(第二卷). 郑州:黄河水利出版社,2002.

[45] 张居敬,常振富. 隔坡梯田规划设计与水土保持效益试验[J]. 中国水土保持,1982(5):46-47.

[46] 周玉珍,郭天恩,杨俊杰. 晋西淤地坝水毁原因调查分析与防治对策[J]. 人民黄河,1996(7):51-54.

[47] 中国大百科全书水利卷编委会. 中国大百科全书. 水利卷[M]. 北京:中国大百科全书出版社, 1992.

附图 野外调查照片

1. 淤地坝结构

榆林市横山区四塔中型坝
（放水建筑物：卧管）

延安市安塞区芦渠公路 2# 中型坝
（放水建筑物：竖井）

榆林市绥德县郝家梁骨干坝（涵洞）

延安市安塞区马咀 2# 中型坝（溢洪道）

2. 淤地坝淤积情况

延安市安塞区黄腰湾中型坝

榆林市佳县小沟中型坝　　　　　　　　榆林市绥德县林家硷后沟骨干坝

榆林市绥德县马连沟骨干坝　　　　　　　延安市安塞区干沟壕 2# 中型坝

3. 已淤成坝地不同利用方式

山西省隰县半沟骨干坝（耕种）　　　　　延安市延川县高家圪台骨干坝（种树）

4.淤地坝功能转变

延安市吴起县窑子沟骨干坝(蓄水)　　　　延安市志丹县张家沟骨干坝(建设用地)

5.淤地坝损毁情况

延安市安塞区米面塔前沟中型坝　　　　榆林市清涧县阎王沟中型坝

榆林市清涧县花山沟中型坝　　　　榆林市榆阳区常家沟骨干坝

6. 淤地坝淤积量测量及调研

延安市安塞区杏树沟中型坝

延安市安塞区米面塔前沟中型坝

榆林市横山区坟焉中型坝

榆林市横山区驮巷骨干坝